U0316879

高等学校物联网专业系列教材
编委会名单

高等学校物联网专业系列教材

物联网导论

曾园园　主　编
项　慨　副主编

中国铁道出版社
CHINA RAILWAY PUBLISHING HOUSE

内 容 简 介

本书从物联网的基本概念开始介绍，循序渐进地阐述了物联网关键支撑技术，包括：M2M 技术、RFID 技术、无线传感器网络、短距离无线通信技术等；在此基础上介绍了物联网发展的关键问题，包括：物联网安全问题、网络管理问题；针对现有网络技术发展情况，介绍了从互联网时代到物联网过渡的难点问题，包括：网络架构和协议的过渡等；最后针对前述理论原理和方法，本书给出了物联网实验指导，对物联网中的关键技术给出了针对性的 ZigBee 组网、数据采集实验和 RFID 实验等。

本书按照"概念原理→技术标准→发展与应用"这三个层次逐层递进编写内容，层次清晰，每章都重点突出，介绍了当前热点物联网关键技术并强调应用性，总结了物联网相关标准化工作，从发展角度探讨互联网到物联网过渡的技术难点和趋势，书中还介绍了物联网实验平台和方法，使学生能够把握目前物联网相关的主流技术，对于专业技能的提高有很大的帮助。

本书适合作为高等学校物联网专业以及计算机、电子信息相关专业本科生教材，也可作为相关人员的参考书。

图书在版编目（CIP）数据

物联网导论 / 曾园园主编. — 北京：中国铁道出版社，2012.9（2017.5重印）
高等学校物联网专业系列教材
ISBN 978-7-113-15089-1

Ⅰ. ①物… Ⅱ. ①曾… Ⅲ. ①互联网络－应用－高等
学校－教材②智能技术－应用－高等学校－教材 Ⅳ.
①TP393.4②TP18

中国版本图书馆 CIP 数据核字（2012）第 192840 号

书　　　名：物联网导论
作　　　者：曾园园　主编

策　　划：巨　凤	读者热线：（010）63550836
责任编辑：王占清	特邀编辑：李新承
编辑助理：包　宁	
封面设计：一克米工作室	
责任印制：李　佳	

出版发行：中国铁道出版社（100054，北京市西城区右安门西街 8 号）
网　　址：http://www.51eds.com
印　　刷：航远印刷有限公司
版　　次：2012 年 9 月第 1 版　　2017 年 5 月第 2 次印刷
开　　本：787mm×1092mm　1/16　印张：11.75　字数：273 千
书　　号：ISBN 978-7-113-15089-1
定　　价：27.00 元

总　　序

　　物联网是继计算机、互联网和移动通信之后的又一次信息产业的革命性发展。目前物联网被正式列为国家重点发展的战略性新兴产业之一，其涉及面广，从感知层、网络层到应用层均涉及标准、核心技术及产品，以及众多技术、产品、系统、网络及应用间的融合和协同工作；物联网产业链长、应用面极广，可谓无处不在。

　　近年来，中国的互联网产业迅速发展，网民数量全球第一，在未来物联网产业的发展中已具备基础。当前，物联网行业的应用需求领域非常广泛，潜在市场规模巨大。物联网产业在发展的同时还将带动传感器、微电子、新一代通信、模式识别、视频处理、地理空间信息等一系列技术产业的同步发展，带来巨大的产业集群效应。因此，物联网产业是当前最具发展潜力的产业之一，是国家经济发展的又一新增长点，它将有力带动传统产业转型升级，引领战略性新兴产业发展，实现经济结构的战略性调整，引发社会生产和经济发展方式的深度变革，具有巨大的战略增长潜能，目前已经成为世界各国构建社会经济发展新模式和重塑国家长期竞争力的先导性技术。

　　物联网技术的发展和应用，不但缩短了地理空间的距离，也将国家与国家、民族与民族更紧密地联系起来，将人类与社会环境更紧密地联系起来，使人们更具全球意识，更具开阔眼界，更具环境感知能力。同时，带动了一些新行业的诞生和社会就业率的提高，使劳动就业结构向知识化、高技术化发展，进而提高社会的生产效益。显然，加快物联网的发展已经成为很多国家包括中国的一项重要战略，这对中国培养高素质的创新型物联网人才提出了迫切的要求。

　　2010年5月，教育部已经批准了42余所本科院校开设物联网工程专业，在校学生人数已经达到万人以上。按照教育部关于物联网工程专业的培养方案，确定了培养目标和培养要求。其培养目标为：能够系统地掌握物联网的相关理论、方法和技能，具备通信技术、网络技术、传感技术等信息领域宽广的专业知识的高级工程技术人才。其培养要求为：学生要具有较好的数学和物理基础，掌握物联网的相关理论和应用设计方法，具有较强的计算机技术和电子信息技术，掌握文献检索、资料查询的基本方法，能顺利地阅读本专业的外文资料，具有听、说、读、写的能力。

　　物联网工程专业是以多种技术融合形成的综合性、复合型学科，它培养的是适应现代社会需要的复合型技术人才，但是我国物联网的建设和发展任务绝不仅仅是物联网工程技术所能解决的，物联网产业发展需要更多的规划、组织、决策、管理、集成和实施的人才，因此物联网学科建设必须要得到经济学、管理学和法学等学科的合力支撑，因此我们也期待着诸如物联网管理之类的专业面世。物联网工程专业的主干学科与课程包括：信息与通信工程、电子科学技术、计算机科学与技术、物联网概论、电路分析基础、信号与系统、模拟电子技术、数字电路与逻辑设计、微机原理与接口技术、工程电磁场、通信原理、计算机网络、现代通信网、传感器原理、嵌入式系统设计、无线通信原理、无线传感器网络、近距无线传输技术、二维条码技术、数据采集与处理、物联网安全技术、物联网组网技术等。

物联网专业教育和相应技术内容最直接地体现在相应教材上，科学性、前瞻性、实用性、综合性、开放性应该是物联网专业教材的五大特点。为此，我们与相关高校物联网专业教学单位的专家、学者联合组织了"高等学校物联网专业系列教材"，以为急需物联网相关知识的学生提供一整套体系完整、层次清晰、技术先进、数据充分、通俗易懂的物联网教学用书。

本系列教材在内容编排上努力将理论与实际相结合，尽可能反映物联网的最新发展动态，以及国际上对物联网的最新释义；在内容表达上力求由浅入深、通俗易懂；在知识体系上参照教育部物联网教学指导机构最新知识体系，按主干课程设置，其对应教材主要包括《物联网概论》、《物联网经济学》、《物联网产业》、《物联网管理》、《物联网通信技术》、《物联网组网技术》、《物联网传感技术》、《物联网识别技术》、《物联网智能技术》、《物联网实验》、《物联网安全》、《物联网应用》、《物联网标准》、《物联网法学》等相应分册。

本系列教材突出了"理论联系实际、基础推动创新、现在放眼未来、科学结合人文"的特色，对基本概念、基本知识、基本理论给予准确的表述，树立严谨求是的学术作风，注意对相关概念、术语的正确理解和表达；从实践到理论，再从理论到实践，把抽象的理论与生动的实践有机地结合起来，使读者在理论与实践的交融中对物联网有全面和深入的理解和掌握；对物联网的理论、技术、实践等多方面的现状及发展趋势进行介绍，拓展读者的视野；在内容逻辑和形式体例上力求科学、合理、严密和完整，使之系统化和实用化。

自物联网专业系列教材编写工作启动以来，在该领域众多领导、专家、学者的关心和支持下，在中国铁道出版社的帮助下，在本系列教材各位主编、副主编和全体参编人员的努力和辛勤劳动下，在各位高校教师和研究生的帮助下，即将陆续面世了。在此，我们向他们表示衷心的感谢并表示深切的敬意！

虽然我们对本系列教材的组织和编写竭尽全力，但鉴于时间、知识和能力的局限，书中肯定会存在不足之处，离国家物联网教育的要求和我们的目标仍然有距离，因此恳请各位专家、学者以及全体读者不吝赐教，及时反映本套教材存在的不足，以使我们能不断改进完善，使之真正满足社会对物联网人才的需求。

高等学校物联网专业系列教材编委会

2011 年 10 月 1 日

前　言

　　物联网是继计算机、互联网和移动通信之后的又一次信息产业的革命性发展。目前物联网被正式列为国家重点发展的战略性新兴产业之一。物联网产业具有产业链长、涉及多个产业群的特点，其应用范围几乎覆盖了各行各业。物联网颠覆了人类之前物理基础设施和 IT 基础设施截然分开的传统思维，将具有自我标识、感知和智能的物理实体基于通信技术有效连接在一起，使得政府管理、生产制造、社会管理，以及个人生活实现互连互通，被称为继计算机、互联网之后，世界信息产业的第三次浪潮。自 2009 年 8 月温家宝总理提出"感知中国"以来，物联网被正式列为国家五大新兴战略性产业之一，写入"政府工作报告"，物联网在中国受到了全社会极大的关注，其受关注程度是在美国、欧盟以及其他各国家或地区不可比拟的。

　　自 2010 年初教育部下达了高校设置物联网专业申报通知，国内高校纷纷开设物联网相关专业和课程设置。由于物联网涉及的领域非常广泛，从学科角度来说，物联网技术涉及计算机、电子信息、自动控制等较多学科，属于交叉学科范畴；从技术上来讲，物联网涉及传感器技术、RFID 技术、M2M 技术等都是近年来国内外迅速发展的新型领域技术，因此如何针对学科特色与定位，有针对性地设计一本适合物联网的教材是现阶段物联网教学的一个重要问题。

　　本书编写对象定位于电子信息、计算机、物联网相关专业本科生高年级学生、研究生教材及参考用书，建议在掌握专业基础课（如通信原理、数字电路、计算机原理和程序设计语言等课程）内容后使用本书。本书作为物联网导论，对物联网相关技术，特别是最新的技术发展（包括国际标准草案和提案、物联网应用中的关键问题、技术发展趋势和实验指导等方面）进行了较为全面的介绍和阐述，使读者对物联网概念有一个较为清晰的认识，帮助读者掌握与物联网相关的 RFID、M2M、传感网等技术并在实验指导基础上提升对基本原理的理解和应用能力。

　　本书由五部分组成：第一部分即第 1 章，主要讲述了物联网的基本概念，包括物联网的起源与定义，国内外物联网的发展战略，以及当前国内外物联网相关标准制定和标准化趋势。这一部分旨在让读者对物联网基本概念有所认识和了解。第二部分为第 2 章～第 5 章，这一部分旨在阐述物联网的基础支撑技术（包括 M2M 技术、RFID 技术、无线传感器网络技术和短距离无线通信技术）以及当前物联网支撑技术的最新发展方向，包括：对于 M2M 的相关国际标准草案的介绍，RFID 技术在物联网时代如何解决身份定义的编码标准和地址解析方法的介绍，物联网时代 IPv6 传感网的关键技术，以及车载传感器网络的关键技术和专用短程通信 DSRC 等。第三部分为第 6 章和第 7 章，这一部分旨在阐述物联网面临的关键问题，包括：安全机制、网络配置管理、故障管理、性能管理、能量和拓扑管理等。第四部分为第 8 章，这一部分旨在阐述当前从互联网时代到物联网时代的过渡时期面临的问题和技术难点，包括：网络架构如何从互联网时代成功过渡到物联网架构体系，以及从网络协议角度出发的 IPv4 到 IPv6 的过渡问题。第五部分为第 9 章，这一部分是物联网的实验指导，提供了 ZigBee 基础知识、组网通信、结点数据采集实验，以及 RFID 读/写实验等内容。

　　本书旨在帮助读者较快地对物联网有一个较为全面的认识和理解，使更多科研工作者和学生参与到物联网相关的研究和开发工作中来，从而推动我国物联网基础建设。书中引用了互联网上的最新资讯和报刊中部分报道，在此一并向作者和刊发机构致谢，对于不能一一注明引用来源深表歉意。在本书写作过程中武汉大学电子信息学院无线传感器网络实验室各位老师和同学给予很多帮助，在此表示最衷心的感谢。

　　由于时间仓促和编者水平有限，书中难免存在不足和疏漏之处，敬请各位专家及广大读者批评指正。

编　者

2012 年 6 月

目　录

第1章 物联网概述

学习重点

通过本章介绍的内容，读者应了解物联网的概念及起源，物联网的发展历程，物联网相关标准的发展趋势，物联网在现实生活中的应用，重点学习和掌握物理网的概念及其特点和物联网的典型应用。

物联网（Internet of Things，IOT）是继计算机、互联网与移动通信网之后的又一次信息产业浪潮，是一个全新的技术领域，给 IT 和通信带来了广阔的新市场。近年来，物联网概念逐渐成为热点。2010 年温家宝总理在十一届人大三次会议上做了关于物联网的报告，这是"物联网"首次被写进政府工作报告，这也意味着物联网的发展进入了国家层面的视野，给中国的物联网产业带来了巨大的发展机会。

物联网是一个基于互联网、传统电信网等的信息承载体，让所有能够被独立寻址的普通物理对象实现互连互通的网络。它具有普通对象设备化、自治终端互连化和普适服务智能化的重要特征。物联网将无处不在的智能设备和设施，包括具备"内在智能"的传感器、移动终端、工业系统、楼控系统、家庭智能设施、视频监控系统等和"外在使能"的设备，如贴上 RFID 的各种物资、携带无线终端的个人与车辆等，通过各种无线/有线的长距离/短距离通信网络实现互连互通，应用集成及基于云计算等模式，提供安全可控乃至个性化的实时在线监测、定位追溯、报警联动、调度指挥、预案管理、远程控制、安全防范、远程维保、在线升级、统计报表、决策支持、领导桌面等管理和服务功能，实现对"万物"的"高效、节能、安全、环保"的"管、控、营"一体化。

在物联网应用中，首先被广泛使用的是"机器对机器"（Machine-to-Machine，M2M）应用，驱使各行各业走向信息数字化和商业流程的自动化。传感网于 1999 年被提出，在"互联网概念"的基础上随后引申为物联网这一概念，将其用户端延伸和扩展到任何物品与物品之间，进行信息交换和通信的一种网络概念。射频识别（Radio Frequency Identification，RFID）技术、云计算技术、3G、二维码技术、传感器技术等领域在物联网出现的基础上将有空前的发展前景，为全世界信息产业带来又一次跨越式的产业变革，拥有广阔的前景。

1.1 物联网的概念

1.1.1 物联网的起源与定义

1. 什么是物联网

物联网的概念最早出现于比尔·盖茨 1995 年《未来之路》一书中，比尔·盖茨已经提及物联网的概念，只是当时受限于无线网络、硬件及传感设备的发展，并未引起世人的重视。1998 年，美国麻省理工学院（MIT）创造性地提出了当时被称为 EPC 系统"物联网"的构想。1999 年，美国 Auto-ID 首先提出"物联网"的概念，主要是建立在物品编码、RFID 技术和互联网的基础上。传感网属于物联网内涵的重要组成部分，在中国，中科院早在 1999 年就启动了传感网的研究，并取得了一些科研成果，建立了一些适用的传感网。同年，在美国召开的移动计算和网络国际会议提出了，"传感网是下一个世纪人类面临的又一个发展机遇"。2003 年，美国《技术评论》提出传感网络技术将是未来改变人们生活的十大技术之首。2005 年 11 月 17 日，在突尼斯举行的信息社会世界峰会（WSIS）上，国际电信联盟（ITU）发布了《ITU 互联网报告 2005：物联网》，正式提出了"物联网"的概念。报告指出，无所不在的"物联网"通信时代即将来临，世界上所有的物体从轮胎到牙刷、从房屋到纸巾都可以通过互联网主动进行交换。射频识别技术、传感器技术、纳米技术、智能嵌入技术将得到更加广泛的应用。根据 ITU 的描述，在物联网时代，通过在各种各样的日常用品上嵌入一种短距离的移动收发器，人类在信息与通信世界里将获得一个新的沟通维度，从任何时间、任何地点的人与人之间的沟通连接扩展到人与物和物与物之间的沟通连接。美国总统奥巴马就职演讲后对 IBM 提出的"智慧地球"积极响应后，物联网再次引起广泛关注，即指通过射频识别、红外感应器、全球定位系统、激光扫描器等信息传感设备，按约定的协议，把任何物品与互联网连接起来，进行信息交换和通信，以实现智能化识别、定位、跟踪、监控和管理的一种网络。其核心价值在于将连接起来的人和事物增加智能服务的特征。

2010 年温家宝总理在十一届人大三次会议上所做的政府工作报告中对物联网做了这样的定义：物联网是指通过信息传感设备，按照约定的协议，把任何物品与互联网连接起来，进行信息交换和通信，以实现智能化识别、定位、跟踪、监控和管理的一种网络。2009 年 9 月，在北京举行的物联网与企业环境中欧研讨会上，欧盟委员会信息和社会媒体司 RFID 部门负责人 Lorent Ferderix 博士给出了欧盟对物联网的定义：物联网是一个动态的全球网络基础设施，它具有基于标准和互操作通信协议的自组织能力，其中物理的和虚拟的"物"具有身份标识、物理属性、虚拟的特性和智能接口，并与信息网络无缝整合。物联网将与媒体互联网、服务互联网和企业互联网共同构成未来的互联网。

根据国际电信联盟对物联网的定义，物联网主要解决物品到物品（Thing to Thing，T2T）、人到物品（Human to Thing，H2T）、人到人（Human to Human，H2H）之间的连接。总的来说，物联网的目的是实现人与人、人与物、物与物之间的互连。据此，物联网的定义可以理解为：通过射频识别、红外感应器、全球定位系统、激光扫描器等信息传感设备，按约定的协议，把任何物品与互联网连接起来，进行信息交换和通信，以实现智能化识别、定位、跟踪、监控和管理的一种网络。

如图 1-1 所示，物联网涉及的关键技术有 RFID、WSN、网络与无线通信、芯片与嵌入式系统技术、视频监控技术。认识物联网技术有不同视角，这不同视角就汇集成物联网专业核心知识和能力体系。

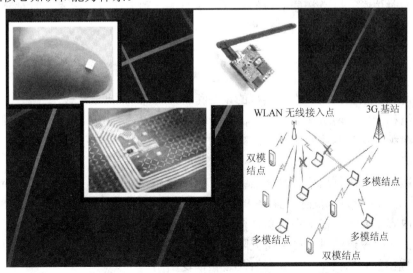

图 1-1　物联网核心知识体系

2．物联网的特点

物联网的概念突破了将物理设备和信息传送分开的传统思维,实现了物与物的交流,体现了大融合理念,具有一定的战略意义。现有的通信主要是人与人的通信,目前全球的通信用户已经接近于饱和,发展空间有限。而物联网涉及的通信对象更多的是"物",如果这些所谓的"物"都纳入物联网通信应用范畴,其潜在可能涉及的通信连接数可达数百亿个,为通信领域的扩展提供了巨大的空间。

物联网将把新一代IT技术充分运用在各行各业之中,具体地说,就是把感应器嵌入和装备到电网、铁路、桥梁、隧道、公路、建筑、大坝、供水系统、油气管道等各种物体中,然后将"物联网"与现有的互联网整合起来,实现人类社会与物理系统的整合,在这个整合的网络当中,存在能力超级强大的中心计算机群,能够对整合网络内的人员、机器、设备和基础设施实现实时的管理和控制,在此基础上,人类可以以更加精细和动态的方式管理生产和生活,达到"智慧"状态,提高资源利用率和生产力水平,改善人与自然间的关系。

从某种程度上来讲,物联网是通信网络的延伸,能够使我们的社会更加自动化,降低生产成本和提高生产效率,提升企业综合竞争能力;能够更加及时地获取信息,借助通信网络,随时获取远端的信息;能够让人们的生活更加便利;能够让生产更加安全,及时发现安全隐患,便于实现安全的监管和监控;能够整体提高社会的信息化程度。总的来说,物联网将在提升信息传送效率、提高生产率、降低管理成本等各方面发挥重要的作用,使信息应用范围得以不断延伸。早期的物联网主要涉及射频识别技术和Internet技术的融合;现阶段的物联网主要涉及传感网技术、现有通信网络技术并融合实际应用系统;将来的物联网概念将不断延伸,可能成为所有被标识的"物"与 Internet 技术的大融合。

总的来说,物联网具有全面感知的特点,如利用 RFID、二维码和传感器等智能设备随时随地采集物体的动态信息,同时还具有可靠传递的特点,即通过网络将感知的各种信息进行实时传送,以及智能处理的特点,主要是指利用计算机技术及时对海量数据进行信息控制,真正达到人与物的沟通、物与物的沟通。

1.1.2　物联网的架构

物联网包含数量庞大、不同类型的设备和用户终端,同时还包含不同类型、不同架构的网络结构,这些网络又具有各自的特征和特性。随着应用需求的不断发展,各种新技术将逐渐纳入物联网体系中,体系架构的设计也将决定物联网的技术细节、应用模式和发展趋势。

国际电信联盟远程通信标准化组织（ITU Telecommunication Standardization Sector,ITU-T）早在 2005 就开始进行泛在网的研究,可以说是最早进行物联网研究的标准组织。其研究的内容主要集中在泛在网总体框架、标识及应用三方面。ITU-T 在泛在网研究方面已经从需求阶段逐渐进入框架研究阶段,目前研究的框架模型还处在高层层面。图 1-2为 ITU-T 提出的物联网架构,在各种场合被广泛引用。

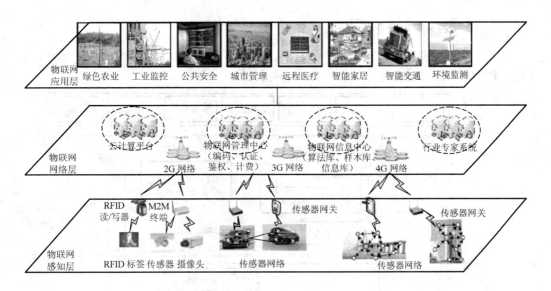

图 1-2　ITU-T 的物联网架构

　　根据物联网的特点，ITU-T 物联网架构将物联网划分为 3 个层次：感知层、网络层和应用层。简化的物联网层次如图 1-3 所示。

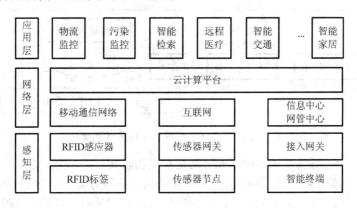

图 1-3　物联网层次架构

　　感知层：得到状态信号（模拟信号或数字信号），涉及传感器芯片及技术、射频识别（RFID）技术、二维码、条形码、微机电系统（Micro-Electro-Mechanical Systems，MEMS）等。

　　网络层：连接感知信号与应用系统桥梁，涉及通信技术（有线通信和无线通信）、互联网技术等。

　　应用层：普遍与感知终端关系密切，主导应用层的解决方案，往往是由感应终端厂商提供的，涉及中间件系统、人工智能、数据处理与分析、智能算法等。

　　此外，目前比较常见的体系架构还有：基于 M2M 的物联网体系架构，物联网的自主体系架构，物联网的 EPC 体系架构，物联网的 UID 技术体系架构，层次性体系架构，基于面向服务的体系架构（Service Oriented Architecture，SOA）的物联网架构，基于 ITU 的物联网体系架构和基于中间件的物联网体系架构；其中 3 种典型的架构是：基于 M2M 的物联网体系架构、物联网的 EPC 体系架构和基于 SOA 的物联网应用基础架构。

1. 基于 M2M 的物联网体系架构

基于对物联网业务运营支撑需求的梳理，结合现有 M2M 管理平台的技术方案，提出的一种物联网参考业务体系架构，如图 1-4 所示。

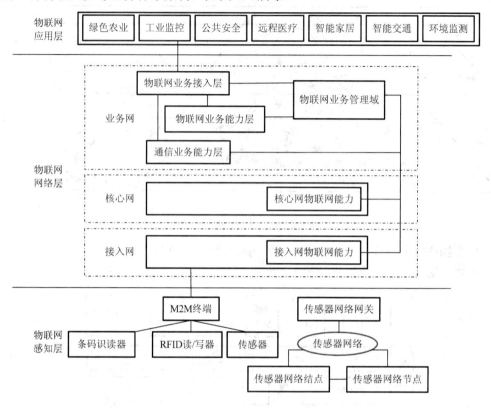

图 1-4 基于 M2M 物联网参考业务体系架构

在物联网参考业务体系架构中，业务网是实现物联网业务能力和运营支撑能力的核心组成部分。业务网位于核心网与应用层之间，由通信业务能力层、物联网业务能力层、物联网业务接入层和物联网业务管理域 4 个功能模块构成，提供通信业务能力、物联网业务能力、业务能力统一封装、业务路由分发、应用接入管理、业务鉴权和业务运营管理等核心功能。

2. 物联网的 EPC 体系架构

EPC Global 标准化组织关于物联网的描述是，一个物联网主要由 EPC 编码体系、射频识别系统及信息网络系统 3 部分组成。图 1-5 所示为 EPC 物联网体系架构示意图。

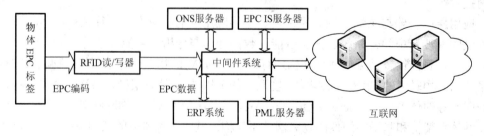

图 1-5 EPC 物联网体系架构示意图

3. 基于 SOA 的物联网基础架构

实际生产实践过程中通常包含不同硬件和软件类型，数据格式和通信协议通常也存在多种标准兼容性的问题，物联网为这些基础设备提供了信息标识，这些带有 RFID 的嵌入式设备可以作为生产者同时也可以作为消费者出现。但对于服务的整合、兼容各类数据和协议还需要借助面向服务的架构。基于 SOA 的物联网应用基础架构如图 1-6 所示。

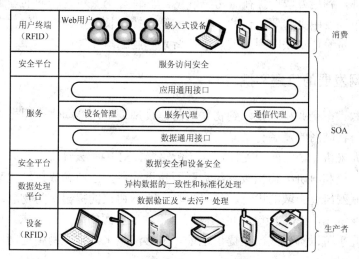

图 1-6　基于 SOA 的物联网基础架构

1.2　物联网的发展战略

近年来世界各国都着手制订物联网的发展战略。美国独立市场研究机构 Forresler 预测到 2020 年物联网业务与现有互联网业务之比将达到 30：1。各国政府和企业纷纷看好其产业前景，世界各国国家都将其提升到国家战略层面。

美国在"2025 年对美国利益潜在影响最大的关键技术中"，物联网被列入六大关键技术之一。智能电网投资 110 亿美元；卫生医疗信息技术应用投资 190 亿美元；与物联网相关的"智慧地球"、"智能微尘"等项目提升了创新能力。

日本提出"U 社会"战略，制订了从 E-Japan、U-Japan 到 I-Japan 战略目标。2009年 3 月提出"数字日本创新计划"；2009 年 7 月提出"I-Japan 战略 2015"，其中交通、医疗、智能家居、环境监测和物联网是重点。

韩国在 2004 年提出"U-Korea 战略"，为期 10 年；2006 年推出的 U-IT839，建宽带网、IPv6 网、泛在传感网、发展 RFID/USN 等 8 项业务，并在食品/药品、航空行李、军火管理、道路设施应用试点。

欧盟致力于推动 ICT 行业在欧盟经济、社会、生活各领域的应用，提高综合竞争力，在 RFID/物联网方面进行了大量研究，大力推广 RFID 应用，着力解决安全和隐私、国际治理、无线频率和标准等问题。2009 年 6 月推出《欧盟物联网行动计划报告》14 项行动计划，力夺主导地位；2009 年 10 月推出"物联网战略研究路线图"，力推物联网在航空航天、汽车、医疗、能源等 18 个主要领域的应用，明确 12 项关键技术，首推智能汽车和智能建筑。

我国早在 20 世纪 90 年代就开始了物联网产业的相关研究和应用试点的探索。并且将物联网建设提升到国家战略地位，列入了新时期国家五大战略性新兴产业的重要地位；面对物联网的巨大发展空间，国家相关产业标准正在紧锣密鼓地制订之中，从课题规划到产业政策制订，各地方政府也在赶考物联网。尽管每个人对物联网的理解还不统一，但面对万亿级市场及中央将要出台的一系列政策支持，长三角、珠三角、京津唐等各地政府紧急调研，纷纷把物联网列入重点培育新兴产业。

1.2.1　物联网发展的机遇和挑战

各国政府和大型企业积极投入到物联网的建设规划中，推动物联网技术及相关行业的发展，这使得物联网的发展有雄厚的资金支持。

从技术方面来讲，物联网的支撑技术（传感器、RFID、云计算、红外感知等）正日渐成熟。众多高校和科研机构积极参与物联网建设的科技创新和成果转化工作，保持、扩大学校在物联网研究领域的优势。与此同时，IPv6 协议的提出，为物联网的发展提供了潜在的契机。首先，IPv6 能够满足物联网对于地址资源的海量性要求。IPv6 采用 128 位地址长度，几乎可以不受限制地提供地址，能够满足未来物联网中连网物品的万亿量级需求。

在众多的发展机遇面前，物联网的发展也面临着一系列的挑战，总体来说，包括技术标准、安全问题挑战、协议、IP 地址分配和终端需求等挑战。

1. 技术标准

世界各国存在不同的标准。中国信息技术标准化技术委员会于 2006 年成立了无线传感器网络（Wireless Sensor Networks，WSNs）标准项目组。2009 年 9 月，传感器网络标准工作组正式成立了 PG1（国际标准化）、PG2（标准体系与系统架构）、PG3（通信与信息交互）、PG4（协同信息处理）、PG5（标识）、PG6（安全）、PG7（接口）和 PG8（电力行业应用调研）等 8 个专项组，开展具体国家标准的制定工作。

2. 安全问题

信息采集频繁，其数据安全也必须重点考虑。同 TCP/IP 网络一样，物联网同样面临网络的可管、可控及服务质量等一系列问题。如果这些问题不能得到很好的解决，就将会在很大程度上制约物联网的进一步发展。因为物联网的数据访问与共享是存在安全隐患的，特别是分布随机的传感网络、无处不在的无线接入网络，更是为各种网络攻击提供了广阔的土壤，安全隐患更加严峻，如果处理不好，整个国家的经济和安全都将面临威胁。

3. 物联网协议体系

物联网是互联网的延伸，在物联网核心层面是基于 TCP/IP，但在接入层面，协议类别众多，GPRS/CDMA、短信、传感器、有线等多种通道，物联网需要一个统一的协议栈。

4．物联网 IP 地址分配

每个物品都需要在物联网中被寻址，就需要一个地址。物联网需要更多的 IP 地址，IPv4 资源即将耗尽，那就需要 IPv6 来支撑。IPv4 向 IPv6 过渡是一个漫长的过程，因此物联网一旦使用 IPv6 地址，就必然会存在与 IPv4 兼容性的问题。

5．终端多样化

物联网终端除具有本身的功能外，还拥有传感器和网络接入等功能，且不同行业需求千差万别，如何满足终端产品的多样化需求，这些对运营商来说是面临的重要挑战。

1.2.2　各国物联网的发展战略

从 2005 年开始，物联网渐渐成为许多国家发展的战略，各国都想通过本国物联网的建设占领这个后 IP 时代制高点。从物联网全球发展行动这方面，美国、欧盟、日韩及中国都积极开展了物联网发展战略规划与部署。

1．美国物联网的发展战略

美国非常重视物联网的战略地位，早在 2005 年，美国国防部就将"智能微尘"（Smart Dust）列为重点研发项目。

国家科学基金会的"全球网络环境研究"（GENI）把在下一代互联网上组建传感器子网作为其中重要一项内容。

2009 年 2 月 17 日，奥巴马总统签署生效的《2009 年美国恢复与再投资法案》中提出在智能电网、卫生医疗信息技术应用和教育信息技术进行大量投资，这些投资建设与物联网技术直接相关。物联网与新能源一同成为美国摆脱金融危机振兴经济的两大核心武器。

美国 2009 年 9 月提出《美国创新战略》，将物联网作为振兴经济、确立优势的关键战略。

物联网已在军事、电力、工业、农业、环境监测、建筑、医疗、企业管理、空间和海洋探索等领域投入应用，美国是 RFID 第一大应用国，应用案例占全球的 59%；传感器、M2M、智能电网加速推进。

在国家层面上，美国积极进行信息化战略部署，推进信息技术领域的企业重组，巩固信息技术领域的垄断地位；在争取继续完全控制下一代互联网（IPv6）的根服务器的同时，在全球推行 EPC 标准体系，力图主导全球物联网的发展，确保美国在国际上的信息控制地位。

2011 年奥巴马提出高速无线网络计划，目标是在 5 年内，98% 的家庭能够使用高速互联网。

2．欧盟物联网的发展战略

欧盟是世界范围内第一个系统提出物联网发展计划的机构，相关进展如图 1-7 所示。

1）欧盟信息通信政策框架"i2010"

2005 年 4 月，欧盟执委会正式公布了未来 5 年欧盟信息通信政策框架"i2010"，该框架提出：为迎接数字融合时代的来临，必须整合不同的通信网络、内容服务、终端设备，以提供一致性的管理架构来适应全球化的数字经济，发展更具市场导向、弹性及面向未来的技术。

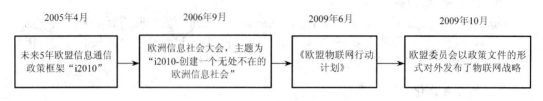

图 1-7　欧盟物联网发展战略时序图

"i2010-创建一个无处不在的欧洲信息社会"。2006 年 9 月,当值欧盟理事会主席国芬兰和欧盟委员会共同发起举办了欧洲信息社会大会,主题为"i2010-创建一个无处不在的欧洲信息社会"。

第 7 期欧盟科研架构(EU-FP7)研究补助计划:自 2007 年至 2013 年,欧盟预计投入研发经费共计 532 亿欧元,推动欧洲最重要的第 7 期欧盟科研架构(EU-FP7)研究补助计划。在此计划中,信息通信技术研发是最大的一个领域。

2)《欧盟物联网行动计划》

2009 年 6 月,欧盟委员会向欧盟议会、理事会、欧洲经济和社会委员会及地区委员会递交了《欧盟物联网行动计划》(Internet of Things-An action plan for Europe),以确保欧洲在构建物联网的过程中起主导作用。

2009 年 10 月,欧盟委员会以政策文件的形式对外发布了物联网战略,提出要让欧洲在基于互联网的智能基础设施发展上领先全球。除了通过 ICT 研发计划投资 4 亿欧元,启动 90 多个研发项目提高网络智能化水平外,欧盟委员会还将于 2011—2013 年间每年新增 2 亿欧元进一步加强研发力度,同时拿出 3 亿欧元专款,支持物联网相关公司合作短期项目建设,确保欧洲在构建新型互联网的过程中起主导作用。这种新型的互联网能够把各种物品,如书籍、汽车、家用电器甚至食品连接到网络中,称为"物联网"。欧盟认为,此项行动计划将会帮助欧洲在互联网的变革中获益,同时它也提出了将会面临的挑战,如隐私问题、安全问题以及个人的数据保护问题。

《物联网 2020》:欧洲智能系统集成技术平台组织(EPoSS)在《物联网 2020》中预测,物联网的发展将经历 4 个阶段:2010 年之前广泛应用于物流、零售和制药等领域;2010-2015 年实现物与物之间的互连;2015-2020 年进入半智能化;2020 年之后实现全智能化。

欧盟在物联网的应用大多围绕 RFID 和 M2M 展开,如医疗、智能电网、智能交通、物流、生产、零售等领域。

3. 日本物联网的发展战略

日本的物联网发展有与欧美国家一争高下的决心,在 T-Engine 下建立 UID 体系已经在其国内得到较好的应用,并大力向其他国家,尤其是亚洲国家推广。日本政府于 2000 年首先提出了"IT 基本法",其后又提出了"e-Japan 战略","U-Japan 战略"计划在 2010 建成一个"任何时间、任何地点、任何人、任何物"都可以上网的环境,"i-Japan 战略 2015"计划到 2015 年实现公共部门信息化,如图 1-8 所示。

e-Japan 战略的目标是希望能于 2005 年在全日本建成有 3 000 万家庭宽带上网及 1 000 万家庭使用超宽带(30～100 Mbit/s)上网的环境。此项目标在 2003 年提前实现,但宽带的实际使用却不尽如人意，DSL、Cable Modem 和 FTTH 的实际使用量分别只占到设施能力的 30%、11%和 5%左右。

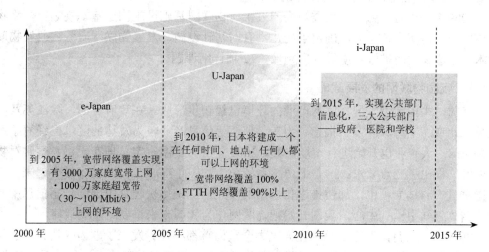

图 1-8　日本物联网的发展战略

U-Japan 构想的目标是到 2010 年，日本将建成一个"任何时间，任何地点，任何物品，任何人"都可以上网的环境。此构想于 2004 年 6 月被日本内阁通过，在总务省提出的年度 ICT 发展策略——"平成 17 年度 ICT 政策大纲"中将 U-Japan 正式列为重点发展的项目。

数字日本创新计划包括"无所不在的城镇"理念（Ubiquitous Town，也称"泛在城镇"），将在全国范围内实施，其目的是鼓励人们进行新的开发和测试，以推进无所不在的计算技术，通过支持商业特殊领域的无所不在的计算，同时，充分而又有重点地从不同的角度投资那些从测试转向应用的无所不在的计算技术，创造安全有保障的社区。数字日本创新计划的具体措施包括加快发展基础设施，以帮助地方公共机构实施区域自治理念，也包括在大学、医院、图书馆和公共机构等场所使用宽带网络。这类基础设施将被用于一系列重点工程的基础，包括儿童和老人跟踪系统、旅游和道路信息监测系统、气象装置和使用传感器的救灾系统等。通过各种媒体整合当地信息，发展为当地居民提供的公共安全领域，振兴地方社区使用区域交际网络的服务，鼓励专为农村地区提供的移动服务的发展及发展空间代码基础设施。这将促进通信环境的发展，使居民能直接体验 ICT 的真正价值。

i-Japan 战略 2015，为了让数字信息技术融入每一个角落，首先将政策目标聚焦在三大公共事业：电子化政府治理、医疗健康信息服务、教育与人才培育，并进一步提出，到 2015 年，通过数字技术达到"新的行政改革"，使行政流程简化、效率化、标准化、透明化，同时推动电子病历、远程医疗、远程教育等应用的发展。

日本在物联网的应用包括移动支付、电网、远程监测、智能家居和汽车联网等应用已初具规模，形成了全球规模最大金融领域物联网应用 Felica（RFID 手机支付）。

4．韩国物联网的发展战略

2006 年韩国提出了为期十年的 U-Korea 战略。在 U-IT839 计划中，确定了八项需要重点推进的业务，物联网是 U-Home（泛在家庭网络）、Telematics/Location based（汽车通信平台\基于位置的服务）等业务的实施重点。

2009 年 10 月，韩国通信委员会通过了《物联网基础设施构建基本规划》，将物联网市场确定为新增长动力，确定了构建物联网基础设施、发展物联网服务、研发物联网技术、营造物联网扩散环境等 4 大领域、12 项详细课题。

5. 我国物联网的发展战略

当前，中国大力发展物联网产业的环境已经初步形成。在政府层面，除江苏及无锡以外，北京、上海、广东、福建、山东、浙江等信息产业较为发达的区域已经着手制订规划，部分大企业也开始进行市场研究。2009 年 8 月，温家宝总理在无锡考察时对物联网的发展提出了三点要求：一是把传感系统和 3G 中的 TDSCDMA 技术结合起来；二是在国家重大科技专项中，加快推进传感网的发展；三是尽快建立中国的传感信息中心，或者叫"感知中国"中心。我国开始把物联网作为我国未来重要的发展战略。

2009 年 11 月，温家宝总理在人民大会堂向首都科技界发表了题为《让科技引领中国可持续发展》的讲话中指出：要着力突破传感网、物联网关键技术，及早部署 IP 时代相关技术研发，是信息网络产业成为推动产业级升级、迈向信息社会的"发送机"。

在 2009 年 12 月，温家宝总理在国务院经济工作会议上明确提出了要在电力、交通、安防和金融行业推进物联网的相关应用。

2010 年 3 月，温家宝总理在十一届全国人大三次会议上做政府工作报告时说，要大力培育战略性新兴产业，加快物联网的研发应用。

2010 年 6 月，中国科学院第十五次院士大会、中国工程院第十次院士大会在北京人民大会堂隆重开幕。胡锦涛主席出席会议并发表重要讲话。提出要加快发展物联网，研发和建设新一代互联网。

2011 年 3 月，温家宝总理在第十一届全国人大四次会议政府工作报告中提出："加快培育发展战略性新兴产业。积极发展新一代信息技术产业，建设高性能宽带信息网，加快实现'三网融合'，促进物联网示范应用。"

我国对国际上物联网的发展已引起高度重视，并积极争取有所作为。下一代网络的研究开发步伐正在加快，新一代互联网关键技术 IPv6 的开发进展与世界同步，居于自主知识产权标准的第三代移动通信正在全国范围内推广。全国许多地方，如北京、上海、浙江、江苏、大连、广东等，以及许多行业，如交通运输、零售、生产和食品安全、企业供应链管理等，都在积极推进 RFID 应用，RFID 产业以迅猛的速度在增长，电子标签国家标准工作重新成立。

我国当前发展物联网的时机已成熟，在一些发达的东部沿海地区率先得到了发展，这将为以后全国范围内的发展奠定坚实的基础。我国一些重要企业纷纷出台了关于物联网行业发展的策略与规划。例如，国家电网选择了"智慧电网"作为切入点。国家电网公司信息通信公司总工程师李祥珍日前撰文称，国家电网 80% 的业务都跟物联网相关。发电环节的接入到检测，以及到变电的生产管理、安全评估与监督、配电的自动化、电力检测、用电的采集，以及营销等方面都需要物联网的支撑。未来国家电网将开展基于物联网的多项试点活动。中电科技集团（简称中国电科）在 2009 年 12 月，与江苏省无锡市共同签署了《共建国家传感网创新示范区（国家传感信息中心）战略合作协议》。中电科技集团物联网发展思路是参与谋划与实施国家物联网创新示范区建设顶层设计的总体方案；建设"感知中国"的典型示范工程；组建中国物联网创新研发中心；建设中电科技集团物联网产业园（组建中电科技集团物联网科技公司）。

我国各省市也纷纷开展物联网项目的建设和规划，如无锡、上海、北京、武汉等多个城市开展了以相对成熟的物联网应用领域和项目为切入点，着手构建城市感知电力、感知交通、感知环保、感知医疗、感知水利、感知工业、感知农业、感知物流、感知家居、感知安保、感知园区等应用示范工程，加快推进行业和领域信息化进程；致力于今后在全面建成城市感知系列应用示范工程的基础上，大规模推广成熟的物联网行业应用和公众应用。

1.3　物联网标准化的发展与趋势

物联网涉及理论技术面广、影响大，目前国际标准化组织已致力于从物联网的各个层面和子网结构探讨和制定相关标准。

1.3.1　国际标准化组织物联网相关标准的制定

国际标准化组织是负责制定包括物联网整体架构标准、WSN/RFID 标准、智能电网/计量标准和电信网标准的国际组织。目前，与物联网密切相关标准的研究内容主要包括泛在网的需求和架构，M2M 需求和功能架构，传感网标准，基于 IPv6 的传感网与互联网融合技术，RFID 各项标准等，如表 1-1 所示。

表 1-1　物联网相关的工作组及其任务

职责	制定物联网整体架构标准			负责制定 WSN/RFID 标准			
工作组	ITU-T SG13	ETSI M2M TC	ISO/IEC JTC1 SC6 SGSN	IEEE 802.15 TG4、ZigBee 联盟	IETF 6 LoWPAN	IETF RoLL	EPCglobal、AIM、UID 中心和 IP-X
具体任务	泛在网的需求和架构设计标准	制定 M2M 需求和功能架构标准	起草与传感器网络有关的标准	制定低速近距离无线通信技术（如 ZigBee）标准	制定基于 IEEE 802.15.4 的 IPv6 协议标准	制定低功耗有损路由方面的标准	制定 RFID 标准
职责	制定智能电网/计量标准				制定电信网标准		
具体工作组	FCC	IEEE P2030	IEEET G4	CEN/CENELEC/ETSI	3GPP/3GPP2	GSM 协会（S C AG）	OMADM
具体任务	制定美国智能电网标准	为智能电网制定标准，关注重点是电网信息化与互操作性	制定智能电网近距离无线标准	正在制定欧洲智能计量标准	CDMA2000、WCDMA、LTE、M2M 优化需求、网络和无线接入的 M2M 优化技术方面的标准	制定智能 SIM 卡方面的标准	定义一套专门用于移动与无线网络的管理协议

1. 国际电信联盟远程通信标准化组织（ITU-T）的物联网架构

ITU-T 在标识研究方面和 ISO 通力合作，主推基于对象标识（OID）的解析体系；ITU-T 在泛在网应用方面已经逐步展开了对健康和车载方面的研究。表 1-2 介绍了 ITU-T 各个相关研究课题组的研究内容。此外，ITU-T 还在智能家居、车辆管理等应用方面开展了一些研究工作。

表 1-2　ITU-T 主要课题组及研究内容

ITU-T 课题组	主要研究内容
SG13	主要从 NGN 角度展开泛在网相关研究，标准主导是韩国。目前标准化工作集中在基于 NGN 的泛在网络/泛在传感器网络需求及架构研究、支持标签应用的需求和架构研究、身份管理（IDM）相关研究、NGN 对车载通信的支持等方面
SG16	展开泛在网应用相关的研究，日本和韩国共同主导，具体内容有：Q.25/16 泛在感测网络（USN）应用和业务、Q.27/16 通信/智能交通系统（ITS）业务/应用的车载网关平台、Q.28/16 电子健康（E-Health）应用的多媒体架构、Q.21 和 Q.22 标识研究
SG17	展开泛在网安全、身份管理、解析的研究。SG17 组研究的具体内容有：Q.6/17 泛在通信业务安全，Q.10/17 身份管理架构和机制，Q.12/17 抽象语法标记（ASN.1）、OID 及相关注册
SG11	专门的问题组"NID 和 USN 测试规范"，研究节点标识（NID）和泛在感测网络（USN）的测试架构、H.IRP 测试规范及 X.oid-res 测试规范

2. 欧洲电信标准化协会（ETSI）物联网标准的进展

ETSI 采用 M2M 的概念进行总体架构方面的研究，相关工作的进展非常迅速，是在物联网总体架构方面研究得比较深入和系统的标准组织，也是目前在总体架构方面最有影响力的标准组织。表 1-3 所示为 ETSI 基于 M2M 高层体系架构的相关研究。

表 1-3　ETSI M2M TC 的研究

	研 究 背 景	研 究 目 标	职 责
ETSI M2M TC	目前虽已有一些 M2M 的标准，但主要是针对某种特定应用场景，彼此相互独立	从端到端的全景角度研究机器对机器的通信，并与 ETSI 内 NGN 的研究及 3GPP 已有的研究展开协同工作	建立一个端到端的 M2M 高层体系架构；找出现有标准不能满足需求的地方并制定相应的具体标准，将现有的组件或子系统映射到 M2M 体系架构中

3. 3GPP/3GPP2 物联网标准进展

目前关于 M2M 方面的研究多处于研究报告的阶段。表 1-4 所示为 3GPP 在物联网相关的主要研究工作现状介绍。

表 1-4　3GPP 物联网的相关研究

	目 的	研 究 范 围	研 究 现 状
3GPP	主要从移动网络出发，研究 M2M 应用对网络的影响，包括网络优化技术等	只讨论移动网的 M2M 通信；只定义 M2M 业务，不具体定义特殊的 M2M 应用	目前基本完成了需求分析，转入网络架构和技术框架的研究，但核心的无线接入网络研究工作还未展开

4．IEEE 物联网标准进展

在物联网的感知层研究领域，IEEE 的重要地位显然是毫无争议的。目前无线传感网领域广泛采用的 ZigBee 技术就是基于 IEEE 802.15.4 标准。

IEEE 802 系列标准是 IEEE 802 LAN/MAN 标准委员会制定的局域网、城域网技术标准。1998 年，IEEE 802.15 工作组成立，专门从事无线个人局域网（WPAN）标准化工作。在 IEEE 802.15 工作组内有 5 个任务组，分别制定适合不同应用的标准。这些标准在传输速率、功耗和支持的服务等方面存在差异。传感器网络的特征与低速无线个人局域网（WPAN）有很多相似之处，因此传感器网络大多采用 IEEE 802.15.4 标准作为物理层和媒体存取控制层（Medium Access Control，MAC），其中最为著名的就是 ZigBee。因此，IEEE 的 802.15 工作组也是目前物联网领域在无线传感网层面的主要标准组织之一。中国也参与了 IEEE 802.15.4 系列标准的制定工作，其中 IEEE 802.15.4c 和 IEEE 802.15.4e 主要由中国起草。IEEE 802.15.4c 扩展了适合中国使用的频段，IEEE 802.15.4e 扩展了工业级控制部分。

1.3.2　国际工业组织和联盟相关物联网标准的制定

国际工业组织和联盟负责制定包括互联网、端网/终端标准的工业组织和联盟。各个组织的主要物联网标准研究内容如表 1-5 所示。

表 1-5　主要工业组织联盟及相关研究

工 业 组 织	研 究 内 容
W3C	创建 Web 相关技术标准并促进 Web 向更深、更广发展的国际组织，负责制定 HTML、HTTP、URI、XML 等标准
OASIS	推进电子商务标准的发展、融合与采纳；形成了更多的 Web 服务标准；提出了面向安全、电子商务的标准，同时也针对公众领域和特定应用市场
IPSO	制定与 IPv6 智能物体硬件和协议有关的标准
ESMIG	负责制定智能计量标准
KNX 协会	制定了 KNX 标准，该标准于 2006 年被批准为国际标准 ISO/IEC 14543
HGI 组织	负责制定与家庭网管有关的标准

1.3.3　物联网标准化的趋势

目前，物联网属于起步阶段，国际体系尚未形成，美国、日本等发达国家正在积极推动物联网标准的制定，目前各国已经形成了多种标准草案，但仍然缺乏能被广泛实际应用的统一化标准体系。此外，物联网标准也基本处于物联网需求和架构，如 M2M 等技术标准的制定阶段。我国国内的物联网发展还处于初创时期，在这个阶段，首先要建立起产业的统一标准，而不是企业各自"建标为营"，应从自主标准制定、核心技术研发、产业配套等多个环节加强建设。

1.4　物联网的典型应用

由于其在经济价值、知识产权、互连互通等方面的优势，物联网已经在智能家居、精准农业、智能医疗和环境监测等方面得到了广泛的应用。

1.4.1　智能家居

智能家居是以住宅为平台，利用综合布线技术、网络通信技术、自动控制技术、音视频技术将家居生活有关的设施集成，构建高效的住宅设施与家庭日程事务的管理系统，提升家居安全性、便利性、舒适性、艺术性，并实现环保节能的居住环境。在日本和欧美，已将 IPv6 传感网引入智能家居控制系统，极大地方便了现代人的生活。

该系统主要完成的功能如下：

（1）家居安防功能。门上附有压力传感器，窗上附有玻璃破碎探测器，当家中有非法人员进入时，触发灯光控制单元将灯光打开，并引发报警节点报警。

（2）环境监测功能。通过环境中的温度、湿度和气体烟雾检测系统，实现对家居环境的远程监测和控制，当监测值高于某阈值时，在通知远端用户的同时引发报警。

（3）家居控制功能。家用 PC 节点或远端用户能对家居设备进行通/断控制或状态改变。

如图 1-9 所示的智能家居控制系统中，布设若干个传感器节点，实现环境温度、湿度等数据的监测，以及电灯、电话、打印机、门等设备的控制。在外部 IPv6 网络上设置远端控制服务器，主要完成 Web 服务器功能同时用于实验环境数据的承载。用户终端通过 Web 登录远端控制服务器实现对智能家居系统的远程控制。

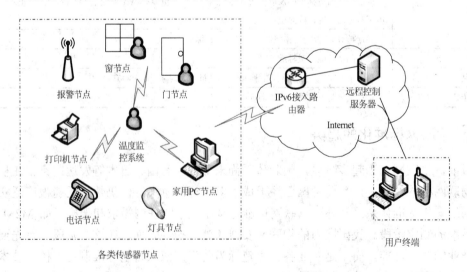

图 1-9　物联网在智能家居中的应用

1.4.2　精准农业

精准农业（Precision Agriculture）是当今世界农业发展的新潮流，是由信息技术支持的根据空间变异，定位、定时、定量地实施一整套现代化农事操作技术与管理的系统，其基本含义是根据作物生长的土壤性状，调节对作物的投入，即一方面查清田块内部的土壤性状与生产力空间变异，另一方面确定农作物的生产目标，进行定位的"系统诊断、优化配方、技术组装、科学管理"。

将物联网技术引入精准农业，能有效调动土壤生产力，以最少的或最节省的投入达到同等收入或更高的收入，并改善环境，高效地利用各类农业资源，取得经济效益和环境效益。

该系统主要完成的功能如下：

（1）环境监测功能。各个温室内部署有温度、湿度、CO_2 浓度、土壤湿度、光强传感器监测系统，实现对温室内环境的监测，用户远程获知温室内环境信息并做出相应控制措施，当某个参数超过该设置值时，发出警报通知用户。

（2）温室内设备控制功能。用户获知温室内的环境参数后，可以根据各种植物要求的环境信息来远程控制温室内的设备，满足植物生长的环境。

物联网在精准农业中的应用如图 1-10 所示。该应用系统部署在温室内，根据用户需要测试的位置点已经固定，每个温室中部署若干个不同应用类型的传感器节点，包括土壤湿度、CO_2 浓度、空气温度、空气湿度、室内光强等传感器节点，监测农作物的生长环境，采集节点可以直接传输数据到网关节点，承载网是 CDMA，实现与 Internet 的互连。

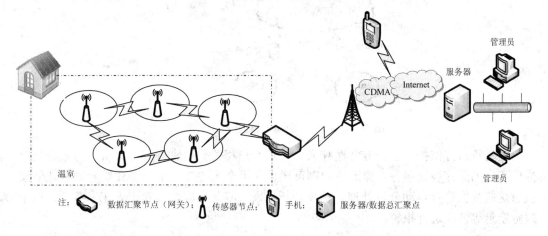

图 1-10　物联网在精准农业中的应用

从实际应用系统的结果看来，物联网的应用系统设计满足精准农业的监测控制等各项要求，各采集节点动态地选择最优路由传输采集到的信息，实现系统的功能，由于每个节点具有 IPv6 地址，管理员可以方便地根据地址来控制该节点。

1.4.3　智能医疗系统

　　智能医疗即指通过物联网技术的运用，实现对人的智能化医疗和对物的智能化管理工作，区域内有限医疗资源可全面共享，病人就诊便捷、获得诊治精准，医疗服务产业也可随之升级。政府应当牵头建立各关联要素方联动机制与平台，并研究规划智能医疗体系架构及运作机制，协调发挥各等级医院医疗资源优势，共享医疗信息。

　　智能医疗系统的主要功能如下：

　　（1）当有意外发生时，在医院端进行报警，便于医院及时采取相应措施，对病人进行救治。

　　（2）当有些生理指标超标，但不足以对病人产生危险时，在病人端进行报警，便于病人自己采取相应的措施。

　　（3）实时查询和历史查询功能，使得病人可以随时随地获得自己的生理参数，调整自己的作息及饮食。医疗信息平台会根据病人的生理参数给出相应的建议。

　　智能医疗系统实现对居家老人、小孩、残疾人或慢性病患者的各项生理参数、日常行为参数和居家环境参数信息进行连续、实时、动态的监测和数据采集；将这些数据发送至监护基站，并由该基站将数据传输至所连接的家用 PC，通过 Internet 还可以将数据传输至远程医疗监护中心。智能医疗系统结构如图 1-11 所示。

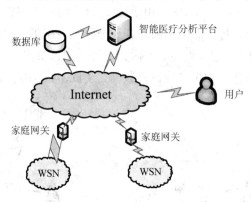

图 1-11　IPv6 传感网在智能医疗中的应用

　　在远程医疗监护中心，专业医疗人员可对用户相关数据进行统计分析，为家庭用户提供相应的医疗咨询服务；家庭用户则可通过家用个人 PC 上的智能化综合健康评估模型对这些数据进行自动分析处理、初步判断、采取应急措施，如对老人在家摔倒、孩子睡觉窒息等情况进行报警。

1.4.4　环境监测系统

　　一个国家或地区，如何建立稳定可靠的环境监测系统，有效预防突发性灾难，成为如今必须面对的一个严峻问题。将 IPv6 传感网引入环境监测系统，能最大限度地减少投资，最大程度地整合现有的平台和系统，大大提高环境监测网络的水平，尤其是实时监测能力的提高。

环境监测系统包括许多子系统，如河道水情监测、生态水质监测、农业智能灌溉和地震灾害监测等。

（1）河道水情监测系统：主要是整治原有的河道水位（流量）等监测点（断面），利用原有的信道和基站为新的监测业务服务，最大限度地降低系统重复建设的成本。

（2）生态水质监测系统：将点监测和面监测两种方式相结合，采用无线传感器网络技术、IPv6 网络技术、移动水质监测技术等，实现对河道相关的水资源污染指标和污染来源的监控。

（3）农业智能灌溉系统：主要是将无线传感器网络技术、控制技术和现代农业灌溉技术集成为一体来实现农业的精准灌溉，达到节约用水的目的。

（4）地震灾害监测系统：综合地震监测仪器技术、传感器技术、嵌入式计算技术、分布式信息处理技术、通信技术、网络技术，由高精度高灵敏度的探头、电源装置、嵌入式处理器系统、存储器系统及监控软件组成，其中的监控软件负责整个传感器的管理工作及传感器和外部的通信工作，监控软件应该是传感器和 Internet 连接的桥梁，它一方面保证传感器正常工作，另一方面保证无论连接到哪种网络平台上，都能确保传感器的数据能够及时、准确地传输。

物联网应用于环境监测系统的体系结构如图 1-12 所示。传感器节点利用无线链路与相邻的网关通信，把采集到的信息传送给本地服务器。本地服务器利用无线或有线链路和 Internet 通信，把汇总的信息发送给数据库和远程服务器。操作终端通过观察收集到的数据，对应用系统进行远程监控。

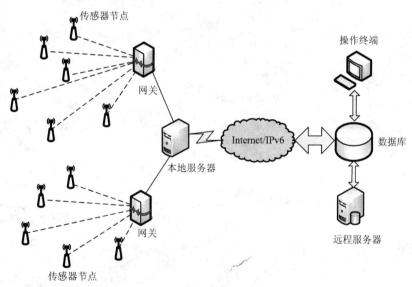

图 1-12　IPv6 传感网在环境监测系统中的应用

1.4.5　其他方面的应用

物联网除了前述典型的应用外，在商业应用中也有着广阔的应用前景，如材料疲劳监测、库存管理、产品质量监督、智能办公、办公楼环境监控、自动化生产环境中机器人控制和指导、互动玩具、交互式博物馆、工厂过程控制和自动化、灾区监测、带传感器节点的智能结构、机器诊断、运输、工厂设备管理、车辆防盗、车辆跟踪和检测、半导体加工、仪器舱、机械旋转、风洞、消声庭等设备操作等。

 习题

1. 简述物联网的概念。
2. 简述物联网的特点。
3. 简述当今世界各国物联网的发展战略。
4. 有关物联网的国际标准组织主要有哪些？进展情况如何？
5. 谈谈你对物联网的认识和理解。

第 2 章 M2M技术

学习重点

通过本章介绍的内容，读者应了解物联网中M2M技术的基本概念，M2M技术与物联网的关系，M2M技术在国内外的发展状况以及M2M的标准化进程，重点学习和掌握M2M技术的概念和最新的发展情况。

M2M 是机器对机器（Machine-To-Machine）通信的简称。目前，M2M 重点在于机器对机器的无线通信，存在 3 种方式：机器对机器、机器对移动电话（如用户远程监视）、移动电话对机器（如用户远程控制）。

预计未来用于人对人通信的终端可能仅占整个终端市场的 1/3，而更大数量的通信是机器对机器（M2M）的通信业务。事实上，目前机器的数量至少是人类数量的 4 倍，因此 M2M 具有巨大的市场潜力。

M2M 的潜在市场不局限于通信业。由于 M2M 是无线通信和信息技术的整合，它可用于双向通信，如远距离收集信息、设置参数和发送指令，因此 M2M 技术可有不同的应用方案，如安全监测、自动售货机、货物跟踪等。在 M2M 中，GSM/GPRS/UMTS 是主要的远距离连接技术，其近距离连接技术主要有 802.11b/g、蓝牙（BlueTooth）、ZigBee、RFID 和超宽带无线技术（UWB）。此外，还有一些其他技术，如可扩展标记语言（XML）、通用对象请求代理体系结构（Corba）、基于全球定位系统（GPS）、无线终端和网络的位置服务技术等。

2.1　M2M 技术概述

2.1.1　M2M 的概念

M2M（Machine To Machine，机器对机器）是指允许无线或有线网络系统与其他具有相同能力的智能设备互连互通的技术。M2M 系统利用智能设备（如传感器）捕捉到物理事件（如温度、湿度等），通过无线或者有线网络接入应用系统，通过此过程将捕捉的物理事件转换成有意义的信息。M2M 通信模式通过远程通信网络，在对各种终端进行信息提取后，将相关信息传输回中央控制分析单元（可能是一台个人计算机）。简单地说，M2M 是将数据从一台终端传送到另一台终端，也就是机器与机器的通信。M2M 其实并不陌生，例如，上班用的门禁卡、超市里商品的条码扫描，再如目前比较流行的 NFC 手机支付等都采用 M2M 通信模式。

M2M 是一种理念，也是所有增强机器设备通信和网络能力的技术总称。

从狭义上说，M2M 只代表机器和机器之间的通信。这一类技术是专为机器和机器建立通信而设计的，如许多智能化仪器仪表都带有 RS-232 接口和 GPIB 通信接口，增强了仪器与仪器之间，仪器与计算机之间的通信能力。

目前，人们提到 M2M 的时候，更多的是指非 IT 机器设备通过移动通信网络与其他设备或 IT 系统的通信。人们认为 M2M 的范围不应拘泥于此，而是应该扩展到人对机器、机器对人、移动网络对机器之间的连接与通信。事实上，人与人之间的沟通很多也是通过机器实现的，例如，通过手机、电话、计算机、传真机等机器设备之间的通信来实现人与人之间的沟通。

随着科学技术的发展，越来越多的设备具有通信和连网能力，"网络一切（Network Everything）"逐步变为现实。人与人之间的通信需要更加直观、精美的界面和更丰富的多媒体内容，而 M2M 的通信更需要建立一个统一规范的通信接口和标准化的传输内容。通信网络技术的出现和发展，给社会生活面貌带来了极大的变化。人与人之间可以更加快捷地沟通，信息的交流更顺畅。但是目前仅仅是计算机和其他一些 IT 类设备具备这种通信和网络能力。众多的普通机器设备几乎不具备连网和通信能力，如家电、车辆、自动售货机、工厂设备等。M2M 技术的目标就是使所有机器设备都具备连网和通信能力，其核心理念就是"网络一切"。M2M 技术具有非常重要的意义，有着广阔的市场和应用，推动着社会生产和生活方式新一轮的变革。

总的来说，M2M 致力于将多种不同类型的通信技术有机地结合在一起：机器之间通信；机器控制通信；人机交互通信；移动互连通信。M2M 让机器、设备、应用处理过程与后台信息系统共享信息，并与操作者共享信息，如图 2-1 所示。它提供了设备实时地在系统之间、远程设备之间或和个人之间建立无线连接，传输数据的手段。M2M 技术综合了数据采集、GPS、远程监控、电信、信息技术，是计算机、网络、设备、传感器、人类等的生态系统，能够使业务流程自动化，集成公司资讯科技（IT）系统和非 IT 设备的实时状态，并创造增值服务。这一平台可在安全监测、自动抄表、机械服务和

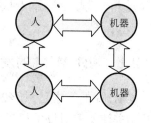

图 2-1　M2M 连接示意图

维修业务、自动售货机、公共交通系统、车队管理、工业流程自动化、电动机械、城市信息化等环境中运行并提供广泛的应用和解决方案。

综上所述，狭义的 M2M 是指机器与机器之间的通信；广义的 M2M 包括：机器与机器、人与人（Man to Man）、人与机器（Man to Machine）之间的通信。

2.1.2　M2M 与物联网

与 M2M 相比，物联网的概念涵盖更为广泛，即把所有物品通过射频识别等信息传感设备与互联网连接起来，实现智能化识别和管理。物联网指的是将各种信息感传设备，如射频识别（RFID）装置、红外感应器、全球定位系统、激光扫描器等种种装置通过网络（主要是移动网络）实现与互联网的结合，从而形成的一个巨大网络，最终实现"网络一切"的目标。

物联网应用中首先被广泛使用的是 M2M 应用，驱使各行各业走向信息数字化和商业流程的自动化。M2M 是一个点，或者一条线，只有当 M2M 规模化、普及化，并彼此之间通过网络来实现智能的融合和通信，才能形成"物联网"。所以，星星点点的、彼此孤立的 M2M 并不是物联网，但 M2M 的终极目标是物联网。当前通信行业 M2M 的应用和展示包括：中国移动的手机钱包和手机购电业务，中国电信的"平安 e 家"业务，以及中国联通的"无线环保检测平台"业务，都属于 M2M 应用，可以说它是属于物联网的概念范畴，但是绝不是物联网。

M2M 是推动物联网行业发展的重点和方向，它将彻底改变整个社会的工作和生活方式，提供更高的生产能力，更高的工作效率，更轻松、更便利、更和谐的生活。目前 M2M 主要基于成熟的移动通信网络，通过 GPRS、EDGE、3G/HSPA 分组数据方式或者 SMS（Short Messaging Service）、USSD 等基础链路方式进行数据传输和交换。M2M 的关键技术包括：M2M 平台与终端接口规范，即 WMMP 协议，是为实现行业终端与 M2M 平台数据通信过程而设计的，协议建立在 UDP 协议之上，效率高，流量小，节省网络带宽资源。M2M 涉及 5 个重要的技术部分：机器、M2M 硬件、通信网络、中间件和应用。

2.2 　M2M 的发展概况

目前 M2M 技术已经在欧洲、韩国和日本实现商用，主要应用在安全监测、机械服务、维修业务、公共交通系统、车队管理、工业自动化、城市信息化等领域。中国政府已将 M2M 相关产业正式纳入国家《信息产业科技发展十一五规划及 2020 年中长期规划纲要十一五规划》重点扶持项目；国内三大运营商充分利用其优势，纷纷推出自己的M2M 产品。

2.2.1 　国外 M2M 的发展与近况

M2M 的产生起源于 20 世纪 90 年代中后期，当时各种信息通信手段蓬勃发展，人们开始关注如何对设备和资产进行有效的监视和控制，甚至如何利用设备来控制设备，这时已经出现 M2M 的影子。2002 年底，美国水处理产品供应商 BioLab 公司采用 M2M 技术对游泳池中水的 pH 值和消毒剂进行远程监控，并且自动添加化学清洁药品，由此开启了 M2M 的商用时代。此后，M2M 技术在世界各地得到了广泛应用。现在，M2M 应用遍及电力、交通、工业控制、零售、公共事业管理、医疗、水利、石油等多个行业，对于车辆防盗、安全监测、自动售货、机械维修、公共交通管理等，M2M 可以说是覆盖到各行各业、各类型应用中。

M2M 市场已成为全球范围内快速增长的高科技市场之一，各国的知名调研机构均对M2M 应用进行过市场估算，即使各机构的调研方向及调研结果的数值略有不同，但都足以充分证明这个市场蕴藏的巨大潜力。在美国、欧洲和日本等国家和地区都对 M2M 进行了市场预测。法国 IDATE 调研数据，2006 年全球范围内 M2M 应用已经达到 200 亿欧元。而到 2010 年，应用的数量将达到 2 200 亿欧元，年复合增长率达到 49%。据 IHS iSuppli公司的无线通信专题报告，2012 年包括燃气表、电表与水表等在内的公用事业市场，将是机器对机器（M2M）模组增长最快的垂直市场。这些模组可以让设备彼此之间进行无线通信。除了公用事业领域，M2M 无线模组的产业市场还包括保健、安防、支付、汽车追踪与汽车远程信息处理等。在这些垂直市场的推动下，2012 年总体 M2M 无线模组市场将从 2011 年的 11 亿美元增长到 15 亿美元，到 2015 年，将达到 50 亿美元左右。从目前的几百亿规模对比未来的几千亿市场来看，M2M 市场尚处于幼年期，随着包括设备、通信、管理软件等技术的深化，M2M 产品成本的下降，M2M 业务将逐渐走向成熟，市场发展前景非常广阔。

M2M 的发展前景被世界各国看好，一个出发点就是，在当今世界上，机器的数量至少是人数量的 4 倍，这意味着巨大的市场潜力。无线 M2M 将使所有行业的大型机构运转实现革命性的变化，以迄今为止无法想象的方式扩大这些机构的 IT 资产。具有无线功能的 M2M 应用市场目前正进入快速增长期。

2.2.2 　我国 M2M 的发展与近况

随着全球 M2M 应用的增长，中国市场也引起国际厂商的关注。中国的 M2M 市场正面临快速发展。M2M 在中国可谓恰逢其时，因为无论是国家政策层面还是行业企业层面都有着对 M2M 的利好消息。

从政策角度看，M2M 已被作为智能信息处理及普适的、无处不在的通信网络的一个方面，正式纳入国家《信息产业科技发展十一五规划及 2020 年中长期规划纲要》的重点扶持项目。从行业层面看，工业化和信息化融合是近年来通信行业的同等大事，M2M 可以广泛应用在工业领域，体现了两化融合的思想。从企业层面看，随着传统语音业务发展的放缓甚至萎缩，运营商在寻求新的增长点，向行业用户提供信息化服务就是其中一个方向。

从行业企业层面看，2007 年前后中国移动开始开展 M2M 业务，第二年在重庆设立了全网的 M2M 运营中心，目前中国移动在全国拥有 200 多万部 M2M 终端，其中以北京、广东、浙江和湖北最多。中国电信 2007 年底开始建设 M2M 平台，目前已基本建设完成，中国电信正在积极筹备在江苏、浙江、安徽、福建、湖北、上海等省市的 M2M 业务试点，相关工作马上启动。中国联通虽然没有提出明确的 M2M 概念，但是也推出了一些行业性 M2M 应用，如银行新时空、海洋新时空、物流新时空等。

中国电信上海研究院祁庆中副院长认为，M2M 是电信行业里为数不多的宝藏，是电信运营商进行差异化运营的有效手段之一；中国移动总裁王建宙曾表示，融入了中国移动特点的 M2M 业务将成为中国移动决胜未来的一个凭借。据了解，中国电信上海研究院在内部提出了挖掘 M2M 潜力，再造一个"全球眼"的口号，"全球眼"在 2008 年为中国电信带来的收入超过 10 亿元。资料显示，中国移动已在广东、福建、河南等近百个城市，开展了基于物联网和云计算技术的无线城市试验。目前，中国移动的 M2M 移动商场已累计有 8 600 万用户，应用下载达 2.6 亿次。据统计，到 2015 年，我国物联网产业的市场价值超过 7 500 亿元人民币，年复合增长率超过 30%。从这些目标可以想见，运营商在未来的 M2M 市场上将有更大的动作。

从理论上说，M2M 可以通过多种网络实现，然而在很多情况下 M2M 都离不开移动网络，因此移动网络的带宽是否足够成为 M2M 业务质量的一个关键。

在 2G 时代，GSM、CDMA 等制式的有限带宽显然不能胜任所有的 M2M 业务应用。无线网络带宽不足，限制了业务信息承载方式的多样性，视频、音频等流媒体及图像等内容无法获得广泛应用，进一步限制了 M2M 的推广领域。中国移动研究院一位专家表示：无线网络带宽不足，还限制了传感器网络的组网结构。一些传感器网络在本地采取蓝牙、WLAN 等方式组网，远程通过无线网络进行汇聚，无线网络不能提供足够的带宽，将限制 M2M 组网的方式。

3G 的部署则大大改善了 M2M 的网络基础条件。很多专家向记者表示，3G 网络的普及为 M2M 业务提供了承载基础。数据传输将成为主要业务，更高的带宽将唤醒大量沉睡的需求，这将加速 M2M 的发展。

此外，发展 M2M 也是 3G 网络的现实需求。工信部电信研究院通信标准所总工程师续合元表示：截至 2009 年 5 月我国移动通信用户总数已达到 6.645 亿，普及率已达到较高水平，下一步运营商应用向行业信息化领域拓展用户。就目前运营商的发展来看，3G 的重点在数据业务上，以数据业务为主的 M2M 符合运营商的 3G 发展策略。据了解，中国移动已经将 M2M 纳入了 TD 发展规划中，在它所推出的"3+1"市场策略中，就包含了家庭信息机、无线固话和上网卡这 3 种 M2M 应用的载体。

2.3 M2M 的标准化

2.3.1 ETSI TC M2M 进展

ETSI 是国际上较早系统展开 M2M 相关研究的标准化组织，2009 年初成立了专门的 TC 来负责统筹 M2M 的研究，旨在制定一个水平化的、不针对特定 M2M 应用的端到端解决方案的标准。其研究范围可以分为两个层面，第一个层面是针对 M2M 应用用例的收集和分析；第二个层面是在用例研究的基础上，开展应用无关的统一 M2M 解决方案的业务需求分析，网络体系架构定义和数据模型、接口和过程设计等工作。

ETSI 研究的 M2M 相关标准有十多个，其涉及主要内容如下：

1）M2M 业务需求

该研究课题描述了支持 M2M 通信服务的、端到端系统能力的需求。报告已于 2010 年 8 月发布。

2）M2M 功能体系架构

重点研究为 M2M 应用提供 M2M 服务的网络功能体系结构，包括定义新的功能实体，与 ETSI 其他 TB 或其他标准化组织标准间的标准访问点和概要级的呼叫流程。本研究课题输出将是第三阶段工作的出发点，也是与其他标准组织物联网相关研究之间进行协调的参照点。图 2-2 是该报告中提出的 M2M 体系架构，可以看出，M2M 技术涉及通信网络中从终端到网络再到应用的各个层面，M2M 的承载网络包括 3GPP、TISPAN 及 IETF 定义的多种类型的通信网络。

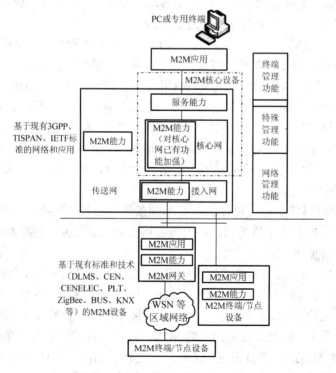

图 2-2 ETSI M2M 通信功能体系架构

3）M2M 的术语和定义

对 M2M 的术语进行定义，从而保证各个工作组术语的一致性。

4）Smart Metering 的 M2M 应用实例研究

该课题对 Smart Metering 的用例进行描述。包括角色和信息流的定义，将作为智能抄表业务需求定义的基础。

5）eHealth 的 M2M 应用实例研究

该课题通过对智能医疗这一重点物联网应用用例的研究来展示通信网络为支持 M2M 服务在功能和能力方面的增强。该课题与 ETSI TC eHealth 中的相关研究保持协调。

6）用户互连的 M2M 应用实例研究

该研究报告定义了用户互连这一 M2M 应用的用例。

7）城市自动化的 M2M 应用实例研究

该课题通过收集自动化城市用例和相关特点来描述未来具备 M2M 能力网络支持该应用的需求和网络功能与能力方面的增强。

8）基于汽车应用的 M2M 应用实例研究

该课题通过收集自动化应用用例和相关特点来描述未来具备 M2M 能力网络支持该应用的需求和网络功能与能力方面的增强。

9）ETSI 关于 M/441 的工作计划和输出总结

这一研究属于欧盟 Smart Metering 项目（EU Mandate M/441）的组成部分，本课题将向 EU Mandate M/441 提交研究报告，报告包括支撑 Smart Metering 应用的规划和其他技术委员会输出成果。

10）智能电网对 M2M 平台的影响

该课题基于 ETSI 定义的 M2M 概要级的体系结构框架，研究 M2M 平台针对智能电网的适用性并分析现有标准与实际应用间的差异。

11）M2M 接口

该课题在网络体系结构研究的基础上，主要完成协议/API、数据模型和编码等工作。

2.3.2　M2M 在 3GPP 标准的进展

3GPP 早在 2005 年 9 月就开展了移动通信系统支持物联网应用的可行性研究，正式研究于 R10 阶段启动。M2M 在 3GPP 内对应的名称为机器类型通信（Machine-Type Communication，MTC）。3GPP 并行设立了多个工作项目或研究项目，由不同工作组按照其领域，并行展开针对 MTC 的研究，下面按照项目的分类简述 3GPP 在 MTC 领域相关研究工作的进展情况。

1. FS_M2M

FS_M2M 项目是 3GPP 针对 M2M 通信进行的可行性研究报告，由 SA1 负责相关研究工作。研究报告《3GPP 系统中支持 M2M 通信的可行性研究》于 2005 年 9 月立项，2007 年 3 月完成。

2. NIMTC 相关课题

重点研究支持机器类型通信对移动通信网络的增强要求，包括对 GSM、UTRAN、

EUTRAN 的增强要求，以及对 GPRS、EPC 等核心网络的增强要求，主要项目如下：

1）FS_NIMTC_GERAN

该项目于 2010 年 5 月启动，重点研究 GERAN 系统针对机器类型通信的增强。

2）FS_NIMTC_RAN

该项目于 2009 年 8 月启动，重点研究支持机器类型通信对 3G 无线网络和 LTE 无线网络的增强要求。

3）NIMTC

这一研究项目是机器类型通信的重点研究课题，负责研究支持机器类型终端与位于运营商网络内、专网内或互联网上的物联网应用服务器之间通信的网络增强技术。由 SA1、SA2、SA3 和 CT1、CT3、CT4 工作组负责其所属部分的工作。

3GPP SA1 工作组负责机器类型通信业务需求方面的研究。于 2009 年初启动技术规范，将 MTC 对通信网络的功能需求划分为共性和特性两类可优化的方向。

SA2 工作组负责支持机器类型通信的移动核心网络体系结构和优化技术的研究。于 2009 年底正式启动研究报告《支持机器类型通信的系统增强》。报告针对第一阶段需求中的共性技术点和特性技术点给出解决方案。

SA3 工作组负责安全性相关研究。于 2007 年启动了《远程控制及修改 M2M 终端签约信息的可行性研究》报告，研究 M2M 应用在 UICC 中存储时，M2M 设备的远程签约管理，包括远程签约的可信任模式、安全要求及其对应的解决方案等。2009 年启动的《M2M 通信的安全特征》研究报告，计划在 SA2 工作的基础上，研究支持 MTC 通信对移动网络的安全特征和要求。

3. FS_MTCe

支持机器类型通信的增强研究是计划在 R11 阶段立项的新研究项目。主要负责研究支持位于不同 PLMN 域的 MTC 设备之间通信的网络优化技术。此项目的研究需要与 ETSI TC M2M 中的相关研究保持协同。

4. FS_AMTC

本研究项目旨在寻找 E.164 的替代，用于标识机器类型终端及终端之间的路由消息，是 R11 阶段新立项的研究课题，已于 2010 年 2 月启动。

5. SIMTC

支持机器类型通信的系统增强研究，此为 R11 阶段的新研究课题。在 FS_MTCe 项目的基础上，研究 R10 阶段 NIMTC 的解决方案的增强型版本。3GPP 支持机器类型通信的网络增强研究课题在 R10 阶段的核心工作为 SA2 工作组正在进行的 MTC 体系结构增强的研究，其中重点述及的支持 MTC 通信的网络优化技术如下：

1）体系架构

研究报告提出了对 NIMTC 体系架构的修改，其中包括增加 MTC IWF 功能实体以实现运营商网络与位于专网或公网上的物联网服务器进行数据和控制信令的交互，同时要求修改后的体系架构需要提供 MTC 终端漫游场景的支持。

2）拥塞和过载控制

由于 MTC 终端数量可能达到现有手机终端数量的几个数量级以上，所以由于大量

MTC 终端同时附着或发起业务请求造成的网络拥塞和过载是移动网络运营商面对的最急迫的问题。研究报告在这方面进行了重点研究，讨论了多种拥塞和过载场景要求网络能够精确定位拥塞发生的位置和造成拥塞的物联网应用，针对不同的拥塞场景和类型，给出了接入层阻止广播，低接入优先级指示，重置周期性位置更新时间等多种解决方案。

　　3）签约控制

　　研究报告分析了 MTC 签约控制的相关问题，提出 SGSN/MME 具备根据 MTC 设备能力、网络能力、运营商策略和 MTC 签约信息来决定启用或禁用某些 MTC 特性的能力。同时也指出了需要进一步研究的问题，例如，网络获取 MTC 设备能力的方法，MTC 设备的漫游场景等。

　　4）标识和寻址

　　MTC 通信的标识问题已经另外立项进行详细研究。本报告主要研究了 MT 过程中 MTC 终端的寻址方法，按照 MTC 服务器部署位置的不同，报告详细分析了寻址功能的需求，给出了 NATTT 和微端口转发技术寻址两种解决方案。

　　5）时间控制特性

　　时间控制特性适用于那些可以在预设时间段内完成数据收发的物联网应用。报告指出，归属网络运营商应分别预设 MTC 终端的许可时间段和服务禁止时间段。服务网络运营商可以根据本地策略修改许可时间段，设置 MTC 终端的通信窗口等。

　　6）MTC 监控特性

　　MTC 监控是运营商网络为物联网签约用户提供的针对 MTC 终端行为的监控服务。包括监控事件签约、监控事件侦测、事件报告和后续行动触发等完整的解决方案。

2.3.3　M2M 在 3GPP 2 标准的进展概况

　　为推动 CDMA 系统 M2M 支撑技术的研究，3GPP2 在 2010 年 1 月曼谷会议上通过了 M2M 的立项。建议从以下方面加快 M2M 的研究进程。

　　（1）当运营商部署 M2M 应用时，应给运营商带来较低的运营复杂度。

　　（2）降低处理大量 M2M 设备群组对网络的影响和处理工作量。

　　（3）优化网络工作模式，以降低对 M2M 终端功耗的影响等研究领域。

　　（4）通过运营商提供满足 M2M 需要的业务，鼓励部署更多的 M2M 应用。

　　3GPP2 中 M2M 的研究参考了 3GPP 中定义的业务需求，研究的重点在于 CDMA 2000 网络如何支持 M2M 通信，具体内容包括 3GPP2 体系结构增强、无线网络增强和分组数据核心网络增强。

2.3.4　M2M 在 CCSA 的进展概况

　　M2M 相关的标准化工作在中国通信标准化协会中主要在移动通信工作委员会（TC5）和泛在网技术工作委员会（TC10）进行。主要工作内容如下：

　　（1）TC5 WG7 完成了移动 M2M 业务研究报告，描述了 M2M 的典型应用、分析了 M2M 的商业模式、业务特征及流量模型，给出了 M2M 业务标准化的建议。

　　（2）TC5 WG9 于 2010 年立项的支持 M2M 通信的移动网络技术研究，任务是跟踪

3GPP 的研究进展，结合国内需求，研究 M2M 通信对 RAN 和核心网络的影响及其优化方案等。

（3）TC10 WG2 M2M 业务总体技术要求，定义 M2M 业务概念、描述 M2M 场景和业务需求、系统架构、接口及计费认证等要求。

（4）TC10 WG2 M2M 通信应用协议技术要求，规定 M2M 通信系统中端到端的协议技术要求。

2.3.5 M2M 的相关标准计划

1. ITU-T Focus Group M2M

Focus Group M2M 是由 ITU-T 提出的面向通用 M2M 服务层的全局化标准计划。M2M 通信致力于面向广泛典型行业，如医疗、交通、公共设施等提供普适应用和智能服务的重要手段。通用的 M2M 服务层旨在采用相应软件和硬件设施、在多服务提供者情形和跨区域场景下，为 M2M 行业利益人和典型行业的相关群体提供代全局层面的优化平台。Focus 的 M2M 服务层小组（简称 FG M2M）致力于研究基于多标准开发机构的 M2M 通用服务层规范。FG M2M 确定了典型行业的最小通用必要条件集合，特别是面向医疗行业机器应用程序接口规范（APIs）和相关支持智能医疗应用服务的协议设计，并提供了相关领域的研究技术报告草案。FG 小组的工作旨在借鉴现有相关研究经验基础上，从各典型行业利益人（如世界卫生组织 WHO 等）角度出发，并协同世界范围内包括研究人员 M2M 行业团体、服务数据对象、论坛和联盟。

Focus Group M2M 计划的目标如下：

（1）从全世界 M2M 社团和典型行业实体的活动和技术规范（包括要求、使用案例、服务模式和商业模式等）中收集和归档相关规范信息。

（2）起草技术报告制定和开发用以提供 M2M 服务和应用的相关 API 和协议，特别是智能医疗的服务和应用。

（3）积极鼓励典型行业持有人和其他数据服务对象共同参与到规范的制定和决定活动中。

（4）协助准备和实施拟于 2012 年 4 月 26 日—27 日举行的 ITU/WHO 智能医疗子会中关于 M2M 应用和服务的智能医疗部分。

Focus Group M2M 计划的结构：Focus Group M2M 计划结构是面向高层的结构，其中一个工作组专门致力于"智能医疗应用和服务"，并由 3 个子工作组组成，它们分别致力于"M2M 使用案例和服务模型"、"M2M 服务层要求"和"M2M API 协议"。

Focus Group M2M 计划的工作任务和交付内容如下：

（1）实现面向典型行业 M2M 服务层需求的"空缺分析"，包括专注于智能医疗行业的应用和服务。

（2）从着手智能医疗应用和服务开始，确定 M2M 服务层要求和能力的最小通用集合内容。

（3）研究分析现有 API 和协议是否满足支持通用 M2M 服务层的要求和能力。

（4）注意各研究组之间制定规范的一体化和协同。

（5）着手 M2M 服务层 API 和协议，拟定一个包括服务数据对象、论坛和联盟及这`

些组织 M2M 应用层平台相关活动和文档的列表。

2．TIA TR-50 Engineering Committee

TIA TR-50 Engineering Committee 提出了汇聚层的标准化计划。工业协会 TR-50 M2M 智能设备通信致力于用于监控和 M2M 应用网络系统智能设备间双向事件和信息的通信过程中开发和维护接入不可知的接口标准。该标准开发属于但不局限于以下功能范围：参考架构、信息模型和标准对象、协议层面、软件层面、通信、测试及安全。

TR-50 开发了一个 M2M 智能设备通信框架，该框架可以操作不同底层传输网络（包括有线和无线的网络），并可由汇聚层自适应于给定传输网络。TR-50 框架通过有效定义应用程序接口（API）来实现各典型行业应用领域，如智能医疗、智能网络、工业自动化等的应用业务功能。

TR-50 与国际标准组织共同致力于保证端到端功能和互操作性，避免工作的重复，培育各组织间关于不同智能通信系统部件的协作和协同。

3．BiTXml 协议

BiTXml 协议即基本 M2M 通信协议。当前 M2M 领域还没有形成主流的标准协议，因此一种解决问题方法的尝试是定义一个可扩展协议，BiTXml 协议设计旨在解决 M2M 应用要求下的核心功能，并制定一个一般架构模型。BiTXml 主要指导思想要求协议具有很好的可读性和可扩展性，包括对不同输入/输出接口、网络协议和核心功能的支持。其结果是，作为一个改革性项目，致力于帮助人们更好地面对 M2M 项目并提供一个简洁并高效的表达命令和控制过程的参考框架。

BiTXml 通信协议被设计为基于 OSI 协议栈表示层的参考，主要目标是针对 M2M 通信要求的特定目标，制定标准化的命令和控制信息交换方法，也就是说，具备或不具备处理能力的一般设备，如传感器、空调系统、电梯或是以上几者的合并等这些设备之间的命令和控制信息交换方式的协定。

BiTXml 的协议规范定义如下：

（1）BiTXml 网关的抽象。

（2）BiTXml 控制器的抽象。

（3）通信实体间数据交换语法和语义集合定义。

（4）驱动设备与 BiTXml 控制器连接的主要命令的语法和语义集合定义。

① BiTXml 语法允许使用 Xml 语言编码，协议语义采用类似自然语言方式定义。

② BiTXml 协议参考模型如图 2-3 所示。

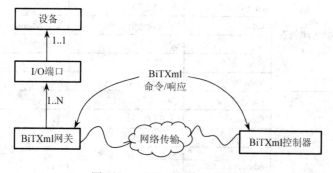

图 2-3　BiTXml 架构参考模型

BiTXml 的架构参考模型主要部分如下：

（1）BiTXml 控制器。控制器的软件应用均采用 BiTXml 语言实现，并与各网关间交互命令完成任务，是架构模型中的主控单元。

（2）网络传输。即任意类型网络的传输层。

（3）BiTXml 网关。均采用 BiTXml 语言实现软件应用，是架构模型中的远程智能执行单元。

（4）输入/输出端口。可以是任意类型的、控制终端设备连接的连接端口。涉及模拟和数字通用输入/输出和串口端口范围内的连接端口。

（5）设备。任意类型用于连接到可用输入/输出端口的物理设备。

4．M2MXML 协议

M2MXML 协议是一个基于 XML 语言，用于实现 M2M 通信的消息机制协议。M2MXML 能构建可被设备开发商和 M2M 应用开发商共同采用的开放标准，有助于增加互操作性。

M2MXML 协议中的消息是采用 UTF-8 Unicode 字符集编码所产生小的 XML 文档。该协议的目的是将世界范围内的遥感设备和换能器进行建模，将设备用唯一的字符数字标识符进行标识，建议采用 32 位十六进制数代表的 128 位通用唯一标识符（UUID）。设备可以有一个或多个具有唯一标识地址的换能器，换能器地址为最大长度 128 字符的任意字符串并可包含任意有效的 Unicode 字符。M2MXML 协议中的消息可包含一个可选的地址属性，如指明其属性表明该消息用于一个换能器；如不指明共属性，即消息被应用于一个遥感勘测设备。各消息包含一个序列号属性，用于匹配查询和响应。序列号应具备唯一性，即每个查询请求应有一个由序列号标识的与之对应的响应。表 2-1 为 M2MXML 协议中 XML 标记和属性。

表 2-1　M2MXML 协议中 XML 标记和属性

标 记 名 称	描　　述	属 性 名 称	描　　述	是 否 必 须
M2MXML	跟标记	ver	M2MXML 协议版本	是
		td	遥测设备唯一 ID 号	否
		address	换能器地址	是，除非在 PerceptBundle 标记中有 w/address 标记
		PerceptType	数据类型	否
Percept	换能器的数据点	timestamp	采样时间戳	否
		entryType	数据项类型	否
		value	字符表达值	是，除 complex Percept 外
		seq	序列号	否
		Note	原文注释	否
		address	换能器地址	否
PerceptBundle	Percepts 组	perceptType	数据类型,缺省为 simple	否
		timestamp	采样时间戳	否
		entryType	数据项类型	否
		address	换能器地址，如非设备标准命令	否

续表

标 记 名 称	描　　述	属 性 名 称	描　　述	是 否 必 须
Command	命令	Name	命令名称	是
		seq	序列号	是
		timestamp	时间戳	否
Command	命令	TTL	生存时间（分钟）	否
		resultCode	一般结果类型	是
		message	附加消息	否
Response	命令结果	seq	匹配命令序列号	否
		timestamp	结果状态到达时间戳	否
Exception	事件报道	exception code	一般报道类型	是
		message	附加消息	否
Property	属性	name	属性名	是
		value	属性值	是

M2MXML 使用举例如下：

1）Percepts

基本 Percept，调度报道，遥测设备 UUID 标识。

```
<M2MXML ver="1.1" td="A3EAB3000C4F4323BED38BD659878DAB">
    <Percept address="AI1" value="102.5" timestamp="1234556789" seq="123" />
</M2MXML>
```

字符串类型 Percept，遥测设备由可选 ID 标识。

```
<M2MXML ver="1.1" td="2145551212">
    <Percept perceptType="string" address="S01" timestamp="1234556789" seq="123">
    Here is the value</Percept>
</M2MXML>
```

Location Percept，遥测设备未指定。

```
<M2MXML ver="1.1">
    <Percept perceptType="location" address="DI1" value="1.0,2.0,3.0"
    timestamp="20040415120125" entryType="0" seq="123"/>
</M2MXML>
```

2）Percepts Bundle

```
<M2MXML ver="1.1">
    <PerceptBundle address="A1">
        <Percept value="102.5" timestamp="20040415080000" />
        <Percept value="103.0" timestamp="20040415090000" />
        <Percept value="104.5" timestamp="20040415100000" />
    </PerceptBundle>
</M2MXML>
<M2MXML ver="1.1">
    <PerceptBundle timestamp="20040415080000">
        <Percept address="A1" value="102.5" />
```

```
        <Percept address="A2" value="103.0" />
        <Percept address="A3" value="104.5" />
    </PerceptBundle>
</M2MXML>
```

3）Percepts 请求与响应

请求：

```
<M2MXML ver="1.1">
    <Command name="requestPercept" address="A1" seq="123"/>
</M2MXML>
```

响应：

```
<M2MXML ver="1.1">
    <Percept address="AI1" value="102.5" timestamp="1234556789" seq="123"
    entryType="1" />
</M2MXML>
```

5．M2M 相关通信框架平台

1）COOS 服务平台

COOS（Connected Objects Operating System）项目即连通性服务框架平台。COOS 是一个多模块、可插接、分布式开源的中间件平台，主要采用 Java 编写，该框架平台用于监控和管理中连接消息驱动的服务及服务对象。

COOS 平台可为任意服务提供者用于服务的开发，该平台提供应用程序接口，即 API 供开发和运行应用程序及连接网络，平台可提供的服务资源包括：数据融合、安全性处理、上下文信息和其他服务等。COOS 平台中，设备为收发数据的硬件，服务是与之通信的软件。把设备或者服务称为一个"对象"（Object），当有对象连接到平台时即存在一条"边"。一个对象和相应的边称为连接对象（CO）。平台的消息系统允许"边"以分布式的实例方式接入到平台，这些实例即连接对象操作系统（Connected Objects Operating System，COOS），它们连接并共享一个虚拟的消息总线。

图 2-4 所示为 COOS 平台架构。图 2-4 中间是"人机接口（HMI）"，代表了为平台不同开发者提供的功能接入点，如平台管理人员、应用开发人员和边开发人员等。在 HMI 周围的模块代表了平台的核心部分，分别是平台管理、逻辑引擎、安全、生命周期管理等。每个模块区域还可以继续划分为更小的子模块，图 2-4 中没有标出。连接各核心模块的是"消息总线"，负责通信。对象如传感器、数据库服务（DB）、企业资源计划（ERP）等通过各自的"边"连接到消息总线上。

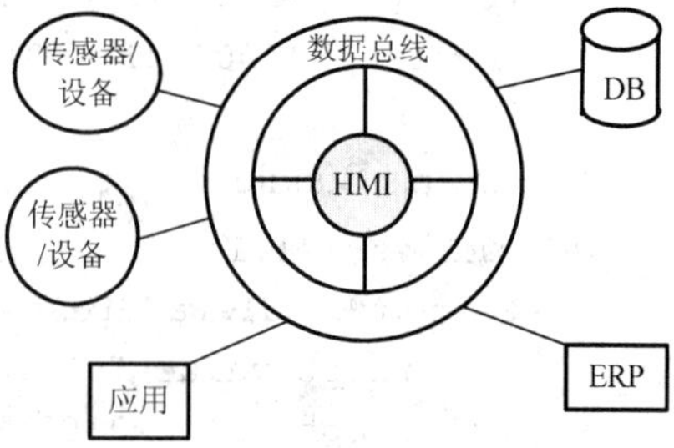

图 2-4　COOS 平台架构

COOS 平台核心模块还可进一步划分成各子模块；这些基本模块处理模块间通信，维护服务开发环境和完成任务执行。除了图 2-4 所示的基本模块，还可增加可选的特定模块，新的功能可以加入到平台中。这些基本模块提供的服务有：终端管理、服务层一致性、生命周期管理、插接框架管理、数据融合、安全性、持久性、可控性和优化管理。此外高级管理模块还具有设备配置、设备提供、第三方提供和应用管理、上下文信息处理和用户偏好等，以及支持运营/商业支撑系统（OSS/BSS）、安全存储、Portal/GUI/HMI 等提供其他服务。

COOS 中的消息机制负责实现基于队列的点到点消息服务，该消息机制支持不同的路由算法，并可针对不同过滤器和传输方式进行配置，从而支持可配置路由维护实时运行的路由策略。

COOS 中任务的产生和执行由基本模块 ActorFrame 实现，通过框架类定义规范和实例化实现应用服务。此外平台提供了服务建模工具，可由 UML 建模自动产生 ActorFrame 代码。ActorFrame 模块系统是以异步通信状态机方式实现的，通过反应式方式进行状态驱动，即当从消息队列收到一条消息时，状态机状态发生转移。每一状态机维护了进入的消息队列，使得异步通信成为可能。

平台中还提供了可插接的 Plugin 框架提供"边"的功能开发，具体涉及生命周期管理和接入控制等模块，以及集成和软件开发包（SDK）等机制。SDK 提供了服务平台的兼容性，保证了与消息总线的连接。

2）OpenGate M2M 通信平台

OpenGate 是一个致力于快速开发和使用的无线网络 M2M 通信平台的解决方案。OpenGate 旨在起到数据网关的作用，负责远端设备和应用之间的信息收发，采用非常简单的接口，运用 Internet、GSM/GPRS 和 UMTS 等，OpenGate 降低了无线解决方案的代价和复杂性，统一了各连接设备语言的一致性。OpenGate 的设计思想使得 M2M 和移动开发商可以专注于数据交换和数据处理，而无须担心数据可靠安全获取的方法。

从结构上来看，OpenGate 采用分布式架构设计并提供基于 GSM/GPRS/UMTS 无线解决方案的开发工具和函数。架构提供了如下几个部件：

（1）客户端。包括 M2M 远端监控设备和应用移动性 PDA。

（2）OpenGate 中间件。OpenGate 通信平台负责安全和可靠数据路由用于应用和服务的交换。

（3）应用。应用层管理从设备接收的信息，处理数据库和用户接口等。

为给应用和设备提供通信服务，OpenGate 提供如下特点：

（1）无线通信。包括 GSM、GPRS、UMTS、WiFi 和蓝牙。平台还将继续改进以支持 ZigBee 和 WiMax 等无线通信方式。

（2）带宽优化。OpenGate 采用标准二进制信息编码协议，可最小化用于无线信道传输的数据量。其他通信协议，例如 Web 服务（XML/HTTP）、CORBA、RMI 可利用高带宽传输较大头部和冗余信息。

（3）后备通信信道。当主要通信信道（如 GSM/GPRS/UMTS 等）不可用时，OpenGate 将采用其他信道（如 SMS 等）继续发送信息。

（4）语言统一化。OpenGate 允许应用和不同设备间统一语言。

（5）应用复用。OpenGate 允许多于一个应用和单一设备在同一时刻通信，从而减少带宽的使用和连接数。

OpenGate 协作应用集成。OpenGate 提供集成机制使设备与应用程序协同交互。为了实现该集成过程，OpenGate 中使用的机制如下：

（1）应用程序接口 API。OpenGate 提供了多种语言 API，包括 Java、Java ME、C++、

UNIX、COM/DCOM（VBE、Delphi）、Web 服务、.NET Framework、.NET Compact Framework 等。

（2）OpenGate 的集成包括数据库集成，支持 Oracle、MySQL、MSSQL Server、Access、Postgres、Hypersonic 等，以及查询管理集成包括：WebSphere MQ、Compliant Server JMS、MSMQ 等。

OpenGate 的设备集成提供运行在不同设备上的不同代理，这些代理负责平台的通信并提供程序语言库，从而使开发人员可集成到各自的嵌入式应用中。OpenGate 代理减少了开发成本，所有通信机制细节由代理负责，从而开发者只需要考虑设备内部的商业逻辑即可。

OpenGate 提供的是一个用于集成各种无线应用的开放平台，可使用 OpenGate 等提供的软件开发工具包（SDK）进行开发。这些开发工具的功能如下：

（1）将移动设备如 PDA、TabletPC、M2M 等加入到已有应用。

（2）远程设备以无线方式互连互通开发的解决方案。

为实现上述功能，OpenGate 提供了一组 API、集成接口和工具来完成任务执行，并减少开发代价。OpenGate 的 SDK 提供了支持各种语言和平台的通信 API 接口，包括 Java、Visual Basic、.NET、C++等，以及 Java 管理 API 和 JavaSE 平台；集成模块基于标准工具并可用于 Java 消息服务集成模块，Web 服务和移动 API；同时还支持 M2M 的 API 接口。

此外，OpenGate 中还提供了模拟客服端和服务端的 OpenGate 模拟器，支持 GPS/SMS/Digital IO/Analogic IO 的 M2M 模拟器，以及代码生成器和数据库同步机制。

 习题

1. 简述 M2M 的概念并举例说明。
2. 简述 M2M 与物联网的区别与联系。
3. 当前 M2M 的国际标准主要有哪些？
4. 简述以下 M2M XML 语言代表的含义。

```
<M2MXML ver="1.1">
<Percept perceptType="complex" address="DI1" timestamp="20040415120125"
entryType="0" seq="123">
<![CDATA[
    <NONM2MXML:Element>This is data in another XML format and will not be
    parsed by the M2MXML parser</NONM2MXML:Element>
    This could also be UUEncoded binary data with minor
    restrictions.
]]>
</M2MXML>
```

5. 简述 COOS 和 OpenGate 平台并进行比较。

第3章 RFID技术

学习重点

通过本章介绍的内容，读者应了解RFID的概念与特点，RFID技术与物联网的关系，RFID的编码标准，RFID的地址解析方案，以及RFID识别防碰撞的方法，重点学习和掌握RFID的概念与特点和RFID的相关编码标准。

　　无线射频识别技术（Radio Frequency Identification，RFID）是利用射频信号和空间耦合（电感或电磁耦合）传输特性，实现对被识别物体的自动识别。在应用 RFID 时，把标签附在被识别物体的表面或内部，当被识别物体进入识别范围内时，阅读器自动以无接触的方式读取标签中的物体识别数据，从而实现自动识别物体或自动收集物体信息数据的功能。标准（特别是关于数据格式定义的标准）的不统一是制约 RFID 发展的首要因素。每个 RFID 标签中都有唯一的识别码。如果它的数据格式有很多种且互不兼容，那么使用不同标准的 RFID 产品就不能通用，这对经济全球化情况下的物品流通是十分不利的。而数据格式的标准这个问题涉及各个国家自身的利益和安全，目前已形成了日本"泛在 ID 中心"和美国的 EPC Globle 两大标准组织互不兼容的对抗局面。而中国已经制定出自己的 RFID 在动物身份识别上的代码结构标准，预计其他的许多国家也会陆续开始制定自己的标准。如何让这些标准相互兼容，让一个 RFID 产品能顺利地在世界范围中流通是当前重要而急迫的问题。

3.1　RFID 与物联网

3.1.1　RFID 的概念与特点

　　RFID 即射频识别技术，是一种非接触式自动识别技术，它通过射频信号自动识别目标对象并获取相关数据，识别工作无须人工干预，可工作在各种恶劣环境中。RFID 技术可识别告诉运动物体并可同时识别多个标签，操作快捷方便，如图 3-1 所示。RFID 是一种简单的无线系统，只有两个基本器件，该系统用于控制、检测和跟踪物体。系统由一个询问器（或阅读器）和很多应答器（或标签）组成。

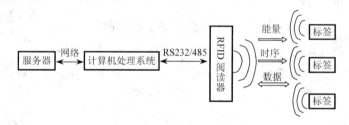

图 3-1　RFID 系统结构

　　RFID 的基本组成包括的部分如下：

　　（1）标签（Tag）。由耦合元件及芯片组成，每个标签具有唯一的电子编码，附着在物体上标识目标对象。

　　（2）阅读器（Reader）。读取（有时还可以写入）标签信息的设备，可设计为手持式或固定式。

　　（3）天线（Antenna）：在标签和读取器间传递射频信号。

　　RFID 技术的基本工作原理是：当标签进入磁场后，接收解读器发出的射频信号，凭借感应电流所获得的能量发送出存储在芯片中的产品信息，即无源标签或被动标签，或者由标签主动发送某一频率的信号，即有源标签或主动标签，解读器读取信息并解码后，送至中央信息系统进行有关数据处理。其工作流程包括以下步骤：

（1）识读器经过发射天线向外发射无线电载波信号。

（2）当射频标签进入发射天线的工作区时，射频标签被激活将自身信息经天线发射出去。

（3）系统的接收天线接收到射频标签发出的载波信号，经天线的调节器传给识读器。识读器对接到的信号进行解调解码，送后台计算机控制器。

（4）计算机控制器根据逻辑运算判断射频标签的合法性，针对不同的设置做出相应的处理和控制，发出指令信号控制执行机构的动作。

（5）执行机构按计算机的指令动作。

（6）通过计算机通信网络将各个监控点连接起来，构成总控信息平台。根据不同的项目可以设计不同的软件来实现不同的功能。

RFID 的发展历程大致可分为以下几个阶段：

（1）1941—1950 年，雷达的改进和应用催生了 RFID 技术。

（2）1951—1960 年，早期 RFID 技术的探索阶段，主要处于实验室实验研究阶段。

（3）1961—1970 年，RFID 技术理论得到发展，开始一些应用尝试。

（4）1971—1980 年，RFID 技术与产品研发处于一个大发展时期，各种 RFID 技术测试得到加速，出现了最早的 RFID 应用。

（5）1981—1990 年，RFID 技术和产品进入商业应用阶段，各种规模应用开始出现。

（6）1991—2000 年，RFID 技术标准化问题日趋得到重视，RFID 产品得到广泛采用，RFID 产品逐渐成为人们生活的一部分。

（7）2001—至今，标准化问题日趋得到人们重视，RFID 产品种类更加丰富，有源电子标签、无源电子标签及半无源电子标签均得到发展，电子标签成本不断降低，规模应用行业扩大。

RFID 技术的主要特点如下：

（1）数据可读/写。只要通过 RFID 阅读器即可不需接触，直接读取信息至数据库内，且可一次处理多个标签，并可以将物流处理的状态写入标签，供下一阶段物流处理的读取判断之用。

（2）小型化、形状多样。RFID 在读取上并不受尺寸大小与形状的限制，不需为了读取精确度而固定其尺寸和印刷质量。

（3）鲁棒性强。纸张一旦受到污染就看不清楚，RFID 对水、油和药品等物质却有很强的抗污性。RFID 在黑暗或脏污的环境中也可以读取数据。

（4）可重复使用。由于 RFID 为电子数据，可以反复被覆盖写入，因此可以回收标签重复使用。如无源的 RFID，不需要电池就可以使用，没有维护保养的需要。

（5）良好的穿透性。RFID 若被纸张、木材和塑料等非金属或非透明材料包裹，也可以进行穿透性通信。

（6）数据的记忆容量大。

（7）每个 RFID 的"身份"是全球唯一的。

在建立射频识别系统时，需要注意的主要问题如下：

（1）避免冲突。避免两个识读器之间的冲突，避免多个标签之间的信号与识读器产生冲突。

（2）识读距离。识读器读取信息的距离取决于识读器的能量和使用频率，高频率的标签有更大的读取距离，但需要识读器输出的电磁波能量也更大。

（3）安全要求。对一个计划中的射频识别应用所提出的安全要求，即加密和身份认证，应该做出非常精确的评估，以便从一开始就排除在应用阶段可能会出现的各种危险的攻击。

国际上按照国际电信联盟（ITU）的规范，目前 RFID 使用频率有 6 种，分别是：125kHz、13.56MHz、433.92MHz、860M~930MHz（即 UHF）、2.45GHz 及 5.8GHz。

RFID 技术作为快速、实时、准确采集与处理信息的高新技术和信息标准化的基础，已被世界公认为 21 世纪十大重要技术之一，在交通、军事、医疗、生产、零售、物流、航空、资产管理、食品安全、动物识别等各个行业有着广阔的应用前景。RFID 技术的典型应用包括：物流和供应管理、生产制造和装配、门禁控制、电子门票、道路自动收费、医疗器械管理、资产管理等。

不同频段 RFID 具有不同应用的特性，如表 3-1 所示。低频 RFID 的应用举例包括宠物犬管理，如 2003 年开始，上海已对 6 万余条有证犬进行电子标签注射，并将公安、防疫、卫生三大系统有关犬的防疫、卫生、管理等信息全部统一整合和动态实时更新，制订了动物电子标识上海地方规范，同时推广到哈尔滨、大连、绍兴等地。高频 RFID 的应用举例包括危险化学品气瓶应用，该项应用已于 2006 年列入上海市政府实事工程，用于乙炔气瓶、液氯瓶等，利用 RFID 对盛装液氯的钢瓶进行唯一标识，结合后台管理系统、实现电子标签在钢瓶检测、液氯充装等作业中的信息自动处理，制订了危险化学品安全管理电子标签应用标准体系。高频 RFID 还可用于提高生产可控性和可追溯性，例如，将 RFID 应用于汽车制造质量追溯中。超高频 RFID 主要用于物流。微波 RFID 可用于集装箱管理。

表 3-1　各频段 RFID 特性

频　率	管　制	距　离	数据速率	注　释
125～150 kHz	基本没管制	1～10 cm	低	动物识别、工厂数据采集系统
13.56 MHz	工业、科学和医疗频带，功率略有不同	1～100 cm	低至中	IC 卡常用频率、工厂数据采集系统
433 MHz	短距离装置、定位系统	1～100 m	中	美国国防部物流托盘追踪管理
860～960 MHz	工业、科学和医疗频带	2～5 m	中至高	物流与供应链管理
2450 MHz	工业、科学和医疗频带，功率略有不同	1～2 m	高	IEEE 802.11b、Bluetooth、CT

3.1.2　RFID 技术与物联网

RFID 技术是物联网的关键支撑技术之一。1999 年，EPC Global 前身麻省理工 Auto-ID 中心提出了"物联网"的构想：令物品上装配电子标签存储唯一的 EPC 码，利用 RFID 技术完成标签数据的自动采集，通过与互联网相连的 EPC IS 服务器提供对应该 EPC 的物品信息，构建一个物品信息互连网络。在 2005 年国际电信联盟（ITU）发布的物联网技术报告中也指出：RFID 技术及传感器技术和嵌入式智能技术是物联网的基础使能技术。

物联网通过 RFID 装置等各类型装配在物体上的信息传感设备，赋予物体智能感知能力，并通过接口与互联网连接，从而形成物—物互连的巨大的分布式协同网络。而包括 RFID 装置在内的智能设备嵌入在物品和设施中用于感知和采集数据是使得物质世界极大程度数据化的可能，从而可以实现对每一件物品的识别和通信，并能让数据化的"物"连接到网络中，同时可以对信息进行加工处理，并根据数据处理结果，反过来实现对"物"的控制和管理。

近年来，世界各国 RFID 物联网产业链飞速发展。TI、Intel 等集成电路厂商投入巨资进行 RFID 芯片的研发，Symbol 研发出同时可以阅读条形码和 RFID 的扫描仪，IBM、微软和 HP 等公司积极开发相应的 RFID 软件和系统。以 RFID 标签专利为例，美国专利申请总量高达世界知识产权的 53%。在欧洲，基于 GS1 EPC Global 标准促进 RFID 在欧洲的应用。欧盟第六框架（FP6）计划 BRIDGE（Bilateral Research and Industrial Development Enhancing and Integrating GRID Enabled Technologies）项目包括基础性研究、技术研发、示范应用和培训。各国政府也积极推动 RFID 应用的发展，以美国为例，美国国防部合同规定 2005 年 1 月 1 日以后，所有军需物资都要使用 RFID 标签。美国食品及药物管理局建议制药商从 2006 年起利用 RFID 跟踪最常造假的药品。美国社会福利局于 2005 年年初正式使用 RFID 技术追踪各种表格和手册。在欧洲，欧洲医药界药品防伪和追踪、纺织业供应链管理、制造过程管理、资产管理等方面取得了成功应用，并获得了广泛认可。在日本，由政府牵头，引导大学，由电子、信息和印刷等行业厂商联合制定 RFID 技术标准，其泛在中心（即 UID 中心）致力于从编码体系、标签分类、空中接口协议到泛在网络体系结构，构建了一套成体系的物联网标准。UID 中心在 RFID 技术方面已经成为和 ISO、EPC Global 并列的标准化组织。

以 EPC Global 标准体系为例（如图 3-2 所示），EPC 码解决的是物联网身份的定义，相当于在现有 Internet 网络体系结构中的 IP 地址。ONS 协议（对象名称解析服务，缩写为 ONS）解决的是地址解析，EPC 标签对于一个开放式的全球性的追踪物品的网络，标签中只存储了产品电子代码，计算机需要将产品电子代码匹配到相应商品信息的方法。这个角色就由对象名称解析服务担当（ONS），它是一个自动的网络服务系统，类似于域名解析服务。ONS 服务作为 EPC Global 倡导的物联网框架中的重要一环，实现货品信息在全球范围内的定位和共享，相当于 Internet 体系中的 DNS 协议的地位。物理标示语言 PML 核心提供通用的标准词汇表来分配直接由 Auto-ID 的基础结构获得的信息，如位置、组成及其他遥感勘测的信息。PML 是基于可扩展标识语言（XML）发展而来的，它提供了一个描述自然物体、过程和环境的标准，并可供工业和商业中的软件开发、数据存储和分析工具之用。它将提供一种动态的环境，使与物体相关静态的、暂时的、动态的和统计加工过的数据可以互相交换。PML 语言解决的是描述 EPC 网络中的对象和数据，类似于 Internet 体系中的 HTML 语言。EPC IS 服务器解决的是为物联网对象和产品提供服务信息，相当于 Internet 体系中的 Web 服务器。

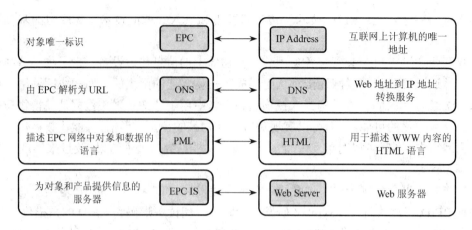

图 3-2　RFID 物联网与 Internet 体系对比

3.2　RFID 的编码标准

在产品标识和跟踪过程中，产品的唯一识别对于某些商品非常必要。而条码识别最大的缺点之一是它只能识别一类产品，而不是唯一的商品。例如，牛奶纸盒上的条码到处都一样，要辨别哪盒牛奶先超过有效期将是不可能的。那么如何才能识别和跟踪供应链上的每一件单品呢？随着互联网的飞速发展和射频技术趋于成熟，信息数字化和全球商业化促进了更现代化的产品标识和跟踪方案的研发，可以为供应链提供前所未有的、近乎完美的解决方案。也就是说，公司将能够及时知道每个商品在供应链上任何时间的位置信息。虽然有多种方法可以解决单品识别问题，但目前所找到最好的解决方法就是给每一个商品提供唯一的号码。RFID 射频识别的系统最常用的是基于 EPC 和 UID 的两大标准。

3.2.1　EPC Global

EPC Global 是由美国统一代码协会（UCC）和国际物品编码协会（EAN）于 2003 年 9 月共同成立的非盈利性组织。产品电子码（EPC）技术是由美国麻省理工学院（MIT）的自动识别研究中心（AUTO-ID）开发的，旨在通过互联网平台，利用射频识别、无线数据通信等技术，构造一个实现全球物品信息实时共享的物联网。

EPC 码采用一组编号来代表制造商及其产品，不同的是 EPC 还用另外一组数字来唯一地标识单品。EPC 是唯一存储在 RFID 标签微型芯片中的信息，这样可使得 RFID 标签能够维持低廉的成本并保持灵活性，使在数据库中无数的动态数据能够与 EPC 标签相链接。

EPC 的目标是为每一物理实体提供唯一标识，它是由一个头字段和另外三段数据（依次为 EPC 管理者、对象分类、序列号）组成的一组数字。表 3-2 所示为 EPC 各种编码结构。

表 3-2　EPC 各种编码结构

编　　码		头 字 段	EPC 管理	对象分类	序 列 号
EPC-64	Type 1	2	21	17	24
	Type 2	2	15	13	34
	Type 3	2	26	13	23
EPC-96	Type 1	8	28	24	36
EPC-256	Type 1	8	32	56	192
	Type 2	8	64	56	128
	Type 3	8	128	56	64

EPC 的头字段（EPC Header）即字段标识 EPC 的版本号。设计者采用版本号标识了 EPC 的结构，其指出了 EPC 中编码的总位数和其他三部分中每部分的位数。为了和 64 位的 EPC 相区别，大于 64 位的 EPC 版本号的前两位为 00，这样就 96 位的 EPC 版本号序列是 001。长度大于 96 位的 EPC 的版本号的前三位是 000，所以 256 位 EPC 的开始序列是 00001。

EPC 管理者（EPC Manager）：同版本的 EPC 管理者编码因为长度的可变性，使得更短的 EPC 管理者编号变得更为宝贵。EPC-64 II 型有最短的 EPC 管理者部分，它只有 15 位。因此，只有 EPC 管理者编号小于 $2^{15}=32\,768$ 的才可以由该 EPC 版本表示。出于特殊考虑两个 EPC 管理者编号已经留做备用：0 和 167 842 659（十进制）。零（0）已经分配给 MIT。因此 MIT 控制着包括零（0）的 EPC 管理者编号在内的所有产品电子码的分配；167 842 659（十进制）已经留做私人使用。私人使用 EPC 管理者编号需要避免产品电子码的预先使用模式。有需要使用产品电子码来识别自己的私有物品的个人和组织可以使用任何便利的产品电子码而无须在全球对象名解析系统中进行注册。

对象分类（Object Class）：对象分类部分用于一个产品电子码的分类编号，标识厂家的产品种类。对于拥有特殊对象分类编号者来说，对象分类编号的分配没有限制。但是 AUTO-ID 中心建议第 0 号对象分类编号不要作为产品电子码的一部分来使用。

序列号（Serial Number）：序列号部分用于产品电子码的序列号编码。此编码只是简单地填补序列号值的二进制 0。一个对象分类编号的拥有者对其序列号的分配没有限制。但是 AUTO-ID 中心建议第 0 号序列号不要作为产品电子码的一部分来使用。

目前，EPC 的位数有 64 位、96 位或者更多位。为了保证所有物品都有一个 EPC 并使其载体－标签成本尽可能降低，建议采用 96 位，这样它可以为 2.68 亿个公司提供唯一标识，每个生产厂商可以有 1600 万个对象分类并且每个对象分类可有 680 亿个序列号，这对未来世界所有产品已经够用了。鉴于当前不用那么多序列号，所以只采用 64 位 EPC。至今已经推出 EPC-96 I 型、EPC-64 I 型、II 型、III 型等编码方案。其中最小模式是 58 位编码，有一位头字段编码，20 位管理者编码，17 位对象分类编码和 20 位序列号编码，如图 3-3 所示。

该 64 位产品电子码包含最小的标志码。头字段部分增加一位，这就允许 3 种数据分区，这样可以覆盖更广泛的工业需求。剩余的第 4 种数据分区留待扩展。20 位的管理者分区仅仅满足 100 万个公司。增加一位就会允许 200 万个组使用该 EPC-64 代码。对象分类分区可以容纳 131 072 个库存单元，这样就可以满足绝大多数公司的需求。58 位编码的序列号分区仅仅提供 100 万单品，不足以满足很多公司的需求。把剩余的四位都分配给这部分，序列号增加到 24 位，这样就可以为 1600 万单品提供空间。

最小模式的对象编码			
X · XXXXX · XXXXX ·XXXXX			
头字段	EPC 管理者	对象分类	序列号
1 位	20 位	17 位	20 位
EPC-64 I 型			
1 ·XXXXXX · XXXXX ·XXXXX			
头字段	EPC 管理者	对象分类	序列号
2 位	21 位	17 位	24 位

图 3-3 最小模式的对象编码

除了 I 型 EPC-64，还有其他方案以适合更大范围的公司、产品和序列号。

AUTO-ID 中心提议 EPC-64 II（如图 3-4 所示）用来适合众多产品及价格反映敏感的消费品生产者。那些产品数量超过 20 000 两万亿并且想要申请唯一产品标识的企业，可以采用方案 2。采用 34 位的序列号，最多可以标识 17 179 869 184 件不同的产品。与 13 位对象分类区结合，每一个工厂可以为 140 737 488 355 328 或者超过 140 万亿不同的单品编号。这远远超过了世界上最大的消费品生产商的生产能力。

EPC-64 II型			
2 ·XXXX · XXXX ·XXXXXXXXX			
头字段	EPC管理者	对象分类	序列号
2 位	15位	13位	34位

图 3-4 EPC-64 II型

EPC-64 III 型如图 3-5 所示，为了推动 EPC 应用过程，将 EPC 扩展到更加广泛的组织和行业。AUTO-ID 中心希望扩展分区模式以适合小公司，服务行业和组织。因此，除了扩展单品编码的数量，就像第二种 EPC-64 那样，会增加公司的数量。通过把管理者分区增加到 26 位，如图 3-5 所示，即可为多达 67 108 864 个公司来提供 64 位 EPC 编码。6700 万个号码已经超出世界公司的总数。采用 13 位对象分类分区，这样可以为 8 192 种不同种类的物品提供空间。序列号分区采用 23 位编码，可以为超过 800 万的商品提供空间。因此对于这 6700 万个公司，每个公司允许超过 680 亿的不同产品编码采用此方案。

EPC-64 III			
3 ·XXXXXXX · XXXX ·XXXXXX			
头字段	EPC 管理者	对象分类	序列号
2 位	26 位	13 位	23 位

图 3-5 EPC-64 III

3.2.2　Ubiquitous ID

Ubiquitous ID Center（UID 中心）是由日本政府的经济产业省牵头，主要由日本厂商组成，目前有日本电子厂商、信息企业和印刷公司等达 300 多家参与。信息系统服务器存储并提供与 Ucode 相关的各种信息。Ucode 解析服务器确定与 Ucode 相关的信息存放在哪个信息系统服务器上。

Ucode 的基本代码长度为 128 字节，是需要可以以 128 字节为单位进行扩充，可以为 256 字节、384 字节、512 字节的结构。Ucode 的最大特点是可兼容各种已有 ID 代码的编码体系。例如，通过使用 128 字节这样一个庞大的号码空间，可将使用条形码的 JAN 代码、UPC 代码、EAN 代码，互联网上使用的 IP 地址，均包含在其中，如图 3-6 所示。

编码类别标识	编码的内容	物品的唯一标识

图 3-6　Ucode 编码结构

3.2.3　EPC 和 UID 的比较

日本的电子标签采用的频段为 2.45 GHz 和 13.56 MHz，欧美的 EPC 标准采用 UHF 频段，从 902～928 MHz；日本的电子标签的信息位数为 128 位，EPC 标准的位数为 96 位。在 RFID 技术的普及战略方面，EPC Global 将应用领域限定在物流领域，着重于成功的大规模应用；而 UID Center 则致力于 RFID 技术在人类生产和生活的各个领域中的应用，通过丰富的应用案例来推进 RFID 技术的普及。表 3-3 列出了 EPC Global 和 UID Center 的概要对比。

表 3-3　EPC 和 Ucode 的概要对比

概　　要	EPC global	UID Center
编码体系	EPC 编码，通常为 64 位或 96 位，也可扩展为 256 位。对不同的应用，规定有不同的编码格式，主要存放企业代码、商品代码和序列号等。最新的 GEN2 标准的 EPC 编码可兼容多种编码	Ucode 编码，码长为 128 位，并可以用 128 位为单元进一步扩展至 256 位、384 位或 512 位。Ucode 的最大优势是能包容现有编码体系的元编码设计，可以兼容多种编码
对象名解析服务	ONS	Ucode 解析服务器
中间件	EPC 中间件	泛在通信器
网络信息共享	EPCIS 服务器	信息系统服务器
安全认证	基于互联网的安全认证	提出了可用于多种网络的安全认证体系 eTron

3.3　RFID 地址解析

3.3.1　EPC 地址解析协议

当前，比较成熟的技术是基于 EPC 编码的 EPC 地址解析协议：ONS 协议及基于 Ucode 编码的 Ucode 解析协议。图 3-7 是典型的 EPC 网络地址解析过程。

对于 EPC 网络，主要采用 ONS 协议进行地址解析，ONS 的查询流程分为以下 5 个部分：

（1）读/写器读/写 RFID 标签，获取 EPC 编码（用二进制格式表示）。

（2）读/写器将所采集到的 EPC 传到本地服务器。

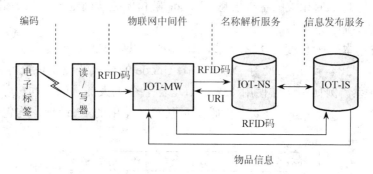

图 3-7　EPC 网络地址解析流程

（3）本地服务器将二进制的 EPC 编码转换为整数并在头部加"urn:epc:"，转换为 URI 格式 "urn:epc: 1.1554.37401.2272661"。

（4）本地 ONS 解析器把 URI 转换成 DNS 域名格式。

（5）本地 ONS 解析器基于这些 ONS 记录，解析获得相关的产品信息访问通道并提取正确的 URL 送至本地服务器；本地服务器基于这些访问通道访问相应的 EPCIS 服务器或产品信息网页。

EPC 网络基本流程图如图 3-8 所示。

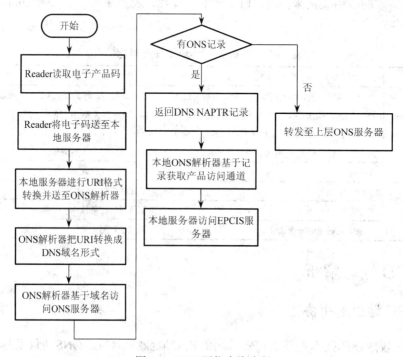

图 3-8　EPC 网络查询流程

基于 EPC、Ucode 的地址解析协议只是适合于获取物品的静态信息，这些信息往往存储在相应生产商的服务器数据库中，而且这些解析协议只能针对专门的编码形式，针对当前众多的 RFID 编码方案，提出一种兼容模式的方法，高效、准确地实现通信过程中的地址解析，同时，兼容获取静态信息与动态交流模式成为迫切的需要。

3.3.2　RFID 地址解析的兼容方案

1. 根据 RFID 电子标签的标识符构造它的 IPv6 地址

地址的前 64 位由介于 RFID 系统与 Internet 间网关的网络前缀组成，后 64 位由 RFID 编码的后 64 位构成。

2. 建立映射表

映射表记录已有的 RFID 编码类型及各个类型编码的长度构造消息标头，如图 3-9 所示。

源类型	目的类型	负载长度	下一部首
数据消息类型		校验和	
源 IP 地址			
目的 IP 地址			
消息内容			

图 3-9　兼容模式的消息标头

- 源类型：源标签的 RFID 类型，通过该类型，在映射表中查找该类型固有的标识符长度。
- 目的类型：目的标签的 RFID 类型，通过该类型，在映射表中查找该类型固有的标识符长度。
- 消息数据类型：设为 S 或者 D，S 代表静态信息请求，D 代表动态信息请求。
- 校验和：差错校验。

地址解析的基本过程如下：

（1）从应用层获取数据消息类型及消息内容等信息。

（2）获取双方的 RFID 编码类型，查找映射表，得出它们固有的长度，根据映射算法，在缓存中记录未被压缩的编码。

（3）根据算法规则，计算双方的 IPv6 地址。

（4）计算校验和。

（5）利用获取的数据信息填充消息包头并在网关处将其填充到 IPv6 数据包中，封包。

（6）检查消息类型的值，若为 S，则转至（11）。

（7）根据目的地址，将包路由到目的 IP 接入点。

（8）目的接入网关拆包、检验，获取目的标签的标识符。

（9）网关发送消息提示给 Reader。

（10）Reader 将信号发给目的电子标签。

（11）利用 ONS 协议、Ucode 协议等技术，进行地址解析，获取物品的静态信息。

其中，Reader 处记录了不同编码应有的长度及固定前缀。算法流程图如图 3-10 所示。

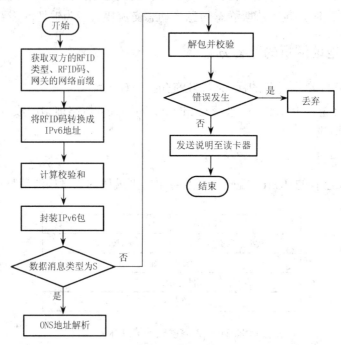

图 3-10 兼容地址解析方案

3.4 RFID 识别防碰撞

考虑到物联网终端类型的多样化，因此首要步骤就是对物体的识别，在物联网环境中大部分物品是通过 RFID 标签来完成识别的过程，而在大量物品需要识别的时候，防碰撞机制就变得至关重要。

传统的解决方法：空分多址（SDMA）、频分多址（FDMA）、码分多址（CDMA）和时分多址（TDMA）。在 RFID 无源标签系统中，目前广泛使用的防碰撞算法大都是基于 TDMA，比较经典的两类基本方法是：基于 Aloha 算法（纯 Aloha 和时隙 Aloha）和基于树形防碰撞算法，如二进制搜索（BS）算法和询问树（QT 算法）等。

在标签运动较规律的无线射频识别系统中，读/写器按照一般的算法不会优先读取即将离开可读范围的标签，而使系统出现较高的漏读率。针对这种场景的防碰撞算法有"先到先服务（First Come First Served，FCFS）算法"，即读/写器首先按照到达顺序对标签进行分组，先识别紧迫性高的时间分组标签；其次，算法通过新增一个参数有效避免了一些可预测的碰撞时隙。在识别时间分组的过程中设置了总时隙的上限，从而避免系统阻塞。

先到先服务（First Come First Served，FCFS）算法标签分组中每个标签都有一个时间分组计数器。读/写器每隔一定的时间就向标签群发送时间分组命令，在这段时间内到达的标签群被视为同时到达，具有相同的时间分组值。初次收到分组命令的标签将分组值计为 0，以后每收到一次分组命令分组值都加 1。可见，分组值越大的标签越先到达系统，离开读/写范围也越早。标签的分组值体现了它被读取的紧迫性，所以读/写器是从分组值最大的标签群开始识别的。

多标签防碰撞算法的过程如下：

（1）设标签的时间分组数为 Z，初次收到读/写器的时间分组命令时，r 初始化为 0。以后，每收到一次时间分组命令，r 的值加。

（2）设读/写器的时间命令参数为 R，它的初始值为其范围内最大的标签时间分组数。

（3）读/写器发送命令，只有 $T=R$ 的标签返回应答。

（4）有唯一标签应答时，该标签被正常识别。

（5）有 2 个以上标签应答的时候，发生碰撞。对碰撞标签用时隙 ALOHA 和二进制法相结合来进行分解，具体过程如下：

- 碰撞标签可在 $[0, N-1]$ 范围内随机选取一个参数，作为第 1 层分组的编号。
- 读/写器发送含"0"的命令，选择 0 的标签应答。如果发生碰撞标签就随机产生 0 或 1。选 0 的标签应答，如果再碰撞继续分解。如果空闲或正确识别，选 1 的标签应答。分解碰撞时，检测到没有标签选 0，则上个碰撞时隙中的标签重新选择随机数。实现方法是设置一个随机数 C，C 的初始值为 0。当发生碰撞时 C 设为 1；正确识别或空闲时 C 仍设为 0。在分解碰撞的过程中，如果选 0 标签无应答且 $C=1$，则返回上一步重新选择随机。
- 识别完所有选择 0 的标签后，选 1 的标签再按照上述过程应答，直到选 Ⅳ 的标签应答完为止。

防碰撞过程如图 3-11 所示。

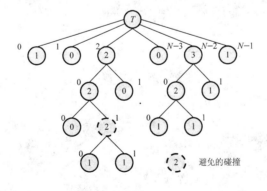

图 3-11　防碰撞过程

（6）在同 R 的标签识别过程中，如果所用时隙数超过最大时隙参数 L 时（L 一般取相邻时间分组时差的 2 倍），系统将放弃该时间组的识别，R 减 1。

（7）无标签应答或识别完成时，R 减 1，返回第 3 步，直到 $R<0$ 为止。

（8）当标签离开读/写器范围后，r 的记录完全清空。

该方法可以有效降低系统对标签的漏读。防止了在识别过程中多个标签的碰撞而导致对标签的漏读。

 习题

1. 简述 RFID 原理与典型应用。
2. 简述 RFID 物联网技术的关键问题。
3. 在射频识别系统中大多数中间件应由哪几部分构成?
4. 简述射频识别系统的工作流程。
5. 简述 EPC 和 UID 编码标准并进行比较。
6. 试述 EPC 网络地址解析的工作流程。
7. 简述 EPC 信息网络系统中，EPC IS、ONS 和 PML 的作用。

第 4 章 无线传感器网络

学习重点

通过本章介绍的内容，读者应了解无线传感网的基本概念，传感器的基本原理，IPv6传感网技术以及车载传感网的应用，重点学习和掌握无线传感网基本原理和车载传感网的相关技术与应用。

随着微电子技术、集成电路、传感器、无线通信和技术的发展，推动了低功耗多功能传感器的快速发展，使其在微小体积内能够集成信息采集、数据处理和无线通信等多种功能。由这些微型传感器构成的传感器网络引起了人们的极大关注。无线传感器网络综合了传感器技术、嵌入式计算技术、分布式信息处理技术和通信技术，能够协作地实时监测、感知和采集网络分布区域内的各种环境或监测对象的信息，并对这些信息进行处理，获得详尽而准确的信息，传送到需要这些信息的用户。传感器网络可以使人们在任何时间、地点和任何环境条件下获取大量翔实而可靠的信息。因此，传感器网络具有十分广阔的应用前景，在军事国防、工农业、城市管理、生物医疗、环境监测、抢险救灾、防恐反恐、危险区域远程控制等许多领域都有重要的科研价值和巨大实用价值，已经引起了世界许多国家军界、学术界和工业界的高度重视，并成为进入 2000 年以来公认的新兴前沿热点研究领域，被认为是将对 21 世纪产生巨大影响力的技术之一。由于传感器网络的巨大应用价值，它已经引起了世界许多国家的军事部门、工业界和学术界的极大关注。无线传感器网络是一门新兴技术，及时开展这项技术对人类未来的生活影响深远，对整个国家的社会、经济将会有重大的战略意义。

物联网是基于现在已有的互联网而发展起来的，它除了融合网络、RFID 技术、信息技术，还引入了无线传感器技术，使得 M2M 物联网有了更深的发展。无线传感器网络是构建物联网的重要支撑技术之一。无线传感器技术结合了嵌入式系统技术、传感器技术、现代网络及无线通信技术，是当前热点研究领域。

4.1　无线传感器网络概述

微电子技术、计算技术和无线通信技术等的进步，推动了低功耗多功能传感器的快速发展，使其在微小体积内能够集成信息采集、数据处理和无线通信等多种功能。无线传感器网络（Wireless Sensor Networks，WSNs）就是由部署在监测区域内的大量廉价微型传感器节点组成的，通过无线通信方式形成的一个多跳的自组织网络系统，其目的是协作感知、采集和处理网络覆盖区域中感知对象的信息，并发送给观察者。传感器、感知对象和观察者构成了传感器网络的三个要素。无线传感器网络将逻辑上的信息世界与客观上的物理世界融合在一起，改变了人类与自然界的交互方式。传感器网络应用前景非常广阔，能广泛应用于军事、环境监测和预报、健康护理、智能家居、建筑物状态监控、复杂机械监控、城市交通、大型车间和仓库管理及安全监测等领域。随着传感器网络的深入研究和广泛应用，传感器网络将逐渐深入到人类生活的各个领域。

4.1.1　传感器

传感器网络是由许多在空间上分布的自动装置组成的一种计算机网络，这些装置使用传感器协作地监控不同位置的物理或环境状况（如温度、声音、振动、压力、运动和污染物等）。无线传感器网络的发展最初起源于战场监测等军事应用。而现今无线传感器网络开始致力于民用领域应用，如环境与生态监测、健康监护、家庭自动化及交通控制等。

传感器网络的基础是传感器技术及其原理。传感器网络的每个节点除配备了一个或多个传感器之外，还装备了一个无线电收发器、一个很小的微控制器和一个能源（通常为电池）。单个传感器节点的尺寸大到一个鞋盒，小到一粒尘埃。传感器节点的成本也是不定的，从几百美元到几美分，这取决于传感器网络的规模及单个传感器节点所需的复杂度。传感器节点尺寸与复杂度的限制决定了能量、存储、计算速度与频宽的受限。在计算机科学领域，传感器网络是一个研究热点，每年都会召开很多的研讨会和国际会议。

　　传感器节点通常是一个微型的嵌入式系统，它集成了传感器模块、信息处理模块、无线通信模块和能量供应模块，即传感器节点由传感器模块、处理器模块、无线通信模块和能量供应模块四部分组成，如图 4-1 所示。传感器模块负责监测区域内信息的采集和转换；处理器模块负责控制整个传感器节点的操作，存储和处理本身采集的数据及其他节点发来的数据；无线通信模块负责与其他传感器节点进行无线通信，交换控制消息和收发采集数据；能量供应模块传感器节点提供运行所需的能量，通常采用微型电池。

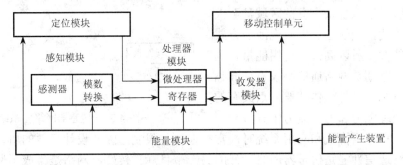

图 4-1　传感器节点模块结构

　　目前使用较为广泛的传感器节点是 Smart Dust 和 Mote。Smart Dust 是美国国防部资助的一个传感器网络项目的名称，该项目开发的产品也称为 Smart Dust。Mote 系列节点也由美国军方资助，MICA 系列节点是加州 Berkeley 分校研制的用于传感器网络研究演示平台的实验节点。节点设计考虑了微型化即不易察觉，适合特殊任务，稳定性和安全性要求高，恶劣环境下也不易损坏，防止外界因素造成的损坏，且敏感数据以密文形式存储和发送，以及低成本，适于大量部署。图 4-2 为几种代表性的传感器节点。

WeC（1999）　René（2000）　DOT（2001）　　MICA（2002）　　Speck（2003）

图 4-2　几种具有代表性的传感器节点

4.1.2　传感器网络概述

1. 传感器网络的结构

　　传感器网络结构如图 4-3 所示，传感器网络系统包括传感器节点、汇聚节点和管理节点。大量传感器节点随即部署在监测区域内部或者附近，能够通过自组织方式构成网络。传感器节点监测的数据沿着其他传感器节点逐跳地进行传输，在传输过程中监测数据可能被多个节点处理，经过多跳后路由到汇聚节点，最后通过互联网或者卫星到达管理节点。用户通过管理节点对传感器网络进行配置和管理，发布监测任务及收集监测数据。传感器节点通常是一个微型嵌入式系统，其处理能力、存储能力和通信能力相对较弱，通过携带能量有限的电池供电。汇聚节点的处理能力、存储能力和通信能力相对比较强，连接传感器网路与外部网络，发布管理节点的监测任务并将收集的数据转发到外部网络上。传感器网络在某种程度上可以视为一种 Ad Hoc 网络，但相对于一般意义上的 Ad Hoc 网络来说，其面临的环境更加复杂多变，所以在应用中，必须研究适合无线传感器网络的协议和算法。

传感器节点体积微小，通常携带能量十分有限的电池。由于传感器节点个数多、成本要求低廉、分布区域广，而且部署区域环境复杂，有些区域甚至人员不能到达，无法通过更换电池的方式来补充能源。所以高效地使用能量，延长网络生存期是网络通信协议设计面临的首要目标。另外，传感器节点具有的能量、处理能力和通信能力十分有限，

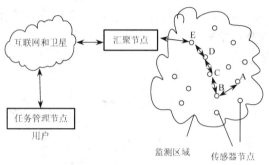

图 4-3　　传感器网络体系结构

在实现各种网络协议和应用系统时，常存在一些限制，因此设计有效的协议和算法改进提高网络通信性能是传感器网络设计的另一个目标。传感器网络是集成了监测、控制及无线通信的网络系统，节点数目更为庞大（成千甚至上万），节点分布更加密集；为了保证网络协议及算法具有可扩展性，其设计应具有分布式的特点。通常情况下，大多数节点是固定不动的，由于环境影响和能量耗尽，节点容易出现故障。因此设计传感器网络算法和协议还应当具有自组织、自优化和自愈的能力。在实现传感器网络协议和应用系统时，需要考虑这些特点的现实约束。

2. 传感器网络的关键技术

无线传感器网络的关键技术如下：

1）拓扑控制

拓扑控制是指在满足区域覆盖度和网络连通度的条件下，通过节点发送功率的控制和网络关键节点的选择，删掉不必要的链路，生成一个高效的网络拓扑结构，以提高整个网络的工作效率，延长网络的生命周期。拓扑控制能提高 MAC 协议和路由协议的效率，为数据融合、时间同步和节点定位等创造条件，可分为节点功率控制或层次拓扑控制两个方面。功率控制机制用于在满足网络连通度的条件下，尽可能减少发射功率。层次拓扑控制采用分簇机制实现，在网络中选择少数关键节点作为簇首，由簇首节点实现全网的数据转发，簇成员节点可以暂时关闭通信模块，进入睡眠状态。这样既实现了区域覆盖范围内的数据采集和传输，又在一定程度上节省了能量。

2）时间同步

时间同步是需要协同工作的无线传感器网络的一个关键机制。每个传感器节点都有自己的本地时钟，由于不同节点的晶体振荡器频率不完全相同，即使在某个时刻所有节点的时钟都达到了同步，但随着时间的推移，它们的时钟也会逐渐出现一些偏差。在某

些特定的应用中，传感器节点需要彼此协作去完成复杂的监测任务。如在分簇结构中，簇成员节点需要按 TDMA 时隙在空闲的时候睡眠在需要的时候被唤醒，完成数据的采集和传输，这就要求网络中的所有节点实现时间同步。

3）定位技术

在某些特定的无线传感器网络应用（如目标跟踪）中，位置信息是一个不可缺少的部分，没有位置信息的数据几乎没有意义，所以节点定位是无线传感器网络的关键技术之一。早期常用的定位方法是采用 GPS 定位系统，但 GPS 结构复杂，成本较高，因此，需要研究适合于无线传感器网络的定位算法。在无线传感器网络中，根据定位时是否测量节点间的距离或角度，将定位方法分为：基于距离的定位方法和与距离无关的定位方法两类。基于距离的定位方法通过测量相邻节点间的实际距离或角度，使用三角测量、多边计算、极大似然估计等方法来确定节点的位置。由于要实际测量节点间的距离或角度，基于距离的定位方法具有较高的精度，对节点硬件的要求也较高。与距离无关的定位机制不必实际测量节点间的距离和角度，降低了对节点硬件的要求，且该机制的定位性能受环境因素的影响较小。虽然其定位误差高于基于距离的定位方法，但定位精度能够满足无线传感器网络中大多数应用的要求，目前受到极大关注。

4）网络安全

无线传感器网络是任务型的网络，需要保证任务执行的机密性、数据产生的可靠性和数据传输的安全性。传统加密算法对运算次数和速度都有比较高的要求，而传感器节点在存储容量、运算能力和能量等方面都有严格的限制，需要在算法计算强度和安全强度之间进行权衡，如何设计更简单的加密算法并实现尽可能高的安全性是无线传感器网络安全面临的主要挑战。由于攻击者可以使用性能更好的设备发起网络攻击，使得传感器网络的安全防御变得十分困难，很容易受到各种恶意的攻击。

5）数据融合

无线传感器网络通常采用高密度部署方式，使得相邻节点采集的数据存在很大的冗余，如果每个节点单独传送将会消耗过多的能量，并且会增加 MAC 层的调度难度，容易造成冲突，降低通信效率。因此，通常要求一些节点具有数据融合功能，能够尽量利用节点的本地计算能力和存储能力对来自多个传感器节点的数据进行综合处理。数据融合技术能减少数据冗余、节省能量、提高信息准确度，但也会增加传输的延时。根据操作前后信息含量的不同，数据融合分无损融合和有损融合两种。在无损融合中，所有有效的信息将会被保留。无损融合的两个例子是时间戳融合和打包融合。在时间戳融合中，如果一个节点在一定的时间间隔内发送了多个分组，每个分组除发送时间不同外，其余内容都相同，则中间节点转发时可以丢弃缓冲区中旧的分组，只传送时间戳最新的分组。在打包融合中，多个数据分组被拼接成一个分组，合并时不改变各个分组所携带的内容，打包融合只能节省分组的头部开销。有损融合通过删除一些细节信息或降低信息质量来减少数据的传输量。

3. 传感器网络的特点

目前常见的无线网络包括移动通信网、无线局域网、蓝牙网络、无线自组织网络等，无线传感器网络与这些传统网络相比具有以下特点：

1）资源有限

传感器节点是一种微型嵌入式设备，具有成本低、体积小、功耗少等特点，使得其能量有限、计算和通信能力弱、存储容量小、不能够处理复杂的任务。其次，传感器节点的通信带宽窄，易受高山、建筑物、障碍物等地势、地貌及风雨雷电等自然环境的影响，通信断接频繁。最后，传感器节点个数多、分布范围广、部署区域环境复杂，在很多应用中通过更换电池来补充能量是不可行的。因此，如何充分利用有限的资源去完成数据的采集、处理和中继等多种任务是设计无线传感器网络面临的主要挑战。在研制无线传感器网络的硬件系统和软件系统时，必须充分考虑资源的局限性，协议层不能太复杂，并且要以节能为前提。

2）节点众多，分布密集

无线传感器网络中的节点分布密集，数量庞大，可能达到几百、几千万，甚至更多。此外，传感器网络可以分布在很广泛的地理区域。传感器网络的这一特点使得网络的维护十分困难甚至不可维护，因此传感器网络的软、硬件必须具有高强壮性和容错性，以满足传感器网络的功能要求。

3）自组织、动态性网络

在传感器网络应用中，节点通常被放置在没有基础结构的地方。传感器节点的位置不能预先精确设置，节点之间的相互邻居关系预先也不知道，而是通过随机布撒的方式，如通过飞机播撒大量节点到面积广阔的原始森林中，或随意放置到人不可到达的危险区域。这就要求传感器节点具有自组织能力，能够自动进行配置和管理，通过拓扑控制机制和网络协议自动形成转发监控数据的多跳无线网络系统。同时，由于部分传感器节点能量耗尽或环境因素造成失效，以及经常有新的节点加入，或是网络中的传感器、感知对象和观察者这三要素都可能具有移动性，这就要求传感器网络必须具有很强的动态性，以适应网络拓扑结构的动态变化。

4）多跳路由

无线传感器网络中节点的功率有限，通信距离只有几十米到几百米，不足以覆盖整个网络区域，如果希望与其射频范围之外的节点通信，则需要经过中间节点的转发。无线传感器网络中没有专门的路由设备，多跳路由是由普通传感器节点完成的。

5）以数据为中心的网络

传统的计算机网络是以地址（MAC 地址或 IP 地址）为中心的，数据的接收、发送和路由都按照地址进行处理。而无线传感器网络是任务型的网络，用户通常不需要知道数据来自于哪一个节点，而更关注数据及其所属的空间位置。例如，在目标跟踪系统中，用户只关心目标出现的位置和时间，并不关心是哪一个节点监测到的目标。因此，在无线传感器网络中不一定按地址来选择路径，而可能根据感兴趣的数据建立起从发送方到接收方的转发路径。另外，传统的计算机网络要求实现端到端的可靠传输，传输过程中不会对数据进行分析和处理；而无线传感器网络要求的是高效率传输，需要尽量减少数据冗余，降低能量消耗，数据融合是传输过程中的重要操作。

6）应用相关的网络

传感器网络用来感知客观物理世界，获取物理世界的信息量。客观世界的物理量多种多样，不可穷尽。不同的传感器网络应用不同的物理量，因此对传感器的应用系统也有多种多样的要求。不同的应用背景对传感器网络的要求也不同，其硬件平台、软件系统和网络协议必然会有很大的差别，在开发传感器网络应用中，更关心传感器网络的差异。只有让系统更贴近应用，才能做出最高效的目标系统。针对每一个具体应用来研究传感器网络技术，这是传感器网络设计不同于传统网络的显著特征。

4．传感器网络应用

多年来经过不同领域研究人员的演绎，无线传感器网络在军事领域、精细农业、安全监控、环保监测、建筑领域、医疗监护、工业监控、智能交通、物流管理、自由空间探索、智能家居等领域的应用得到了充分的肯定和展示。

1）军事领域

传感器网络具有可快速部署，可自组织，隐蔽性强和高容错等特点，因此非常适合在军事上的应用。利用传感器网络能够实现对敌军兵力和装备的监控，战场的实时监视，目标的定位，战场评估，核攻击和生物化学攻击的监测和搜索等功能。

2005 年，美国军方成功测试了由美国 Crossbow 产品组建的枪声定位系统，为救护、反恐提供有力手段。美国科学应用国际公司采用无线传感器网络，构筑了一个电子周边防御系统，为美国军方提供军事防御和情报信息。

中国中科院微系统所主导的团队积极开展基于 WSN 的电子围栏技术的边境防御系统的研发和试点，已取得了阶段性的成果。

2）环境科学

随着人们对于环境的日益关注，环境科学所涉及的范围越来越广泛。通过传统方式采集原始数据是一件困难的工作。传感器网络为野外随机性的研究数据获取提供了方便，例如，跟踪候鸟和昆虫的迁移，研究环境变化对农作物的影响，监测海洋、大气和土壤的成分等。ALERT 系统中就有数种传感器来监测降雨量、河水水位和土壤水分，并依此预测爆发山洪的可能性。类似地，传感器网络对森林火灾准确、及时地预报也应该是有帮助的。此外，传感器网络也可以应用在精细农业中，以监测农作物中的害虫、土壤的酸碱度和施肥状况等。传感器网络还有一个重要应用就是生态多样性的描述，能够进行动物栖息的生态监控。美国加州大学伯克利分校 Intel 实验室和大西洋学院联合在大鸭岛（Great Duck Island）上部署了一个多层次的传感器网络系统，用来监测岛上海燕的生活习性。大鸭岛是世界上最先进的无线网络实验的适宜地点。2002 年夏季，研究人员把许多被称为 Smart Dust 的很小的监控装置装到了有海燕巢的洞穴中。这些装置的尺寸只有它们用的电源（一对 AA 电池）那么大，并且具有微处理器（Microprocessor），存储器和监控光、湿度、压力与热量的传感器。另外还具有无线通信（Radio），可将数据传送给附近的 Smart Dust 并最终传送到基站（Base Station）。这不只是鸟类智能收集中的最新装置。这些 Smart Dust 还预示着一个到处是以电池为电源的无线传感器网络的未来，这些传感器监控环境、机器甚至我们自己。加利福尼亚大学伯克利分校计算机科学家 David Culler 近年来一直致力于实现这样的未来。他说："这是信息技术的一大机会，低功率无线传感器网络是计算的未来先驱。"

3）农业领域

在精细农业方面，WSN 系统最为广泛。2002 年，英特尔公司率先在俄勒冈建立了世界上第一个无线葡萄园，这是一个典型的精准农业、智能耕种的实例。杭州齐格科技有限公司与浙江农科院合作研发了远程农作物管理决策服务平台，该平台利用了无线传感器技术实现对农田温室大棚的温度、湿度、露点、光照等环境信息的监测。

4）智能家居

智能家居领域是 WSN 技术能够大展拳脚的地方。浙江大学计算机系的研究人员开发了一种基于 WSN 网络的无线水表系统，能够实现水表的自动抄录。复旦大学、电子科技大学等单位研制了基于 WSN 网络的智能楼宇系统，其典型结构包括了照明控制、警报门禁，以及家电控制的 PC 系统。各部件自治组网，最终由 PC 将信息发布在互联网上。人们可以通过互联网终端对家庭状况实施监测。

5）医疗健康

如果在住院病人身上安装特殊用途的传感器节点，如心率和血压监测设备，利用传感器网络，医生就可以随时了解被监护病人的病情，进行及时处理。还可以利用传感器网络长时间地收集人的生理数据，这些数据在研制新药品的过程中是非常有用的，而安装在被监测对象身上的微型传感器也不会给人的正常生活带来太多的不便。此外，在药物管理等诸多方面，它也有新颖而独特的应用。总之，传感器网络为未来的远程医疗提供了更加方便、快捷的技术实现手段。

6）空间探索

探索外部星球一直是人类梦寐以求的理想，借助于航天器撒布的传感器网络节点实现对星球表面长时间的监测，应该是一种经济可行的方案。NASA 的 JPL（Jet Propulsion Laboratory）实验室研制的 Sensor Webs 就是为将来的火星探测进行技术准备的，已在佛罗里达宇航中心周围的环境监测项目中进行测试和完善。

7）智能交通

在智能交通方面，美国交通部提出了"国家智能交通系统项目规划"，预计到 2025 年全面投入使用。该系统综合运用大量传感器网络，配合 GPS 系统、区域网络系统等资源，实现对交通车辆的优化调度，并为个体交通推荐实时的、最佳的行车路线服务。目前在美国的宾夕法尼亚州的匹兹堡市已经建有这样的智能交通信息系统。

中科院上海微系统所为首的研究团队正在积极开展 WSN 在城市交通的应用。中科院软件所在地下停车场基于 WSN 网络技术实现了细粒度的智能车位管理系统，使得停车信息能够迅速通过发布系统传送给附近的车辆，提高了停车效率。

4.2　IPv6 传感网

4.2.1　IPv6 传感网概述

随着无线通信技术的飞速发展及无线应用领域的扩大，无线传感器网络日渐成为近年来多学科交叉的热点研究领域，它综合了传感器技术、嵌入式计算技术及无线通信技术等，能够通过各类集成化的微型传感器构成的无线个人区域网（WPAN）协作地实时监测、感知和采集各种环境或监测对象的信息，可应用于家庭网络化、工业监控、军事侦察和环境监测等领域。鉴于未来传感器网络将面临十分广泛的应用，今后传感器设备接入 Internet 的数量将十分巨大。为了实现端对端的远程控制，就要为每个设备分配一个 IP 地址，这必然会进一步加速目前 IPv4 地址的消耗，而 IPv6 比 IPv4 有得天独厚的优势，可以保证未来的所有设备都可获得自己的唯一地址，从而实现端到端的应用与安全。因此在无线传感器网络中采用 IP 技术是未来研究的主要方向。

无线传感网络的应用前景非常广阔，其网络协议的研究方兴未艾。而 IPv6 的一些特性如规模空前的地址空间，对于无线传感网络很有吸引力。如何能够更好地在 WSN 中实现和优化 IPv6 协议，是让 WSN 应用在家庭、公共场合等遍地开花的关键。将 IPv6 与无线传感器网络技术结合起来的 IPv6 无线传感器网络引起了越来越多国内外研究机构与组织的重视。

1. IPv6 传感网技术的优势与特点

IPv6 的主要优势体现在以下几方面：扩大地址空间、提高网络的整体吞吐量、改善服务质量（QoS）、安全性有更好的保证、支持即插即用和移动性、更好实现多播功能。IPv6 也为传感器网络的发展提供了良好的基础支撑。首先，IPv6 的一个非常显著的特点是提供了非常大的地址空间，128 位的地址空间足够为世界上任何设备分配唯一的地址，这个特点在无线传感器网络的大规模网络部署节点有着非常大的吸引力，是其他无线传感器网络协议不能比拟的；其次，当传感器网络的覆盖范围从一个局部区域扩展到非常广阔的地域时，当其服务对象从专有领域拓展到民用领域时，未来的 IPv6 网络将为传感器网络的 Internet 接入、广域互连及信息资源的共享提供极大方便；最后，传感器网络未来"无处不在的网络"也必将为 IPv6 网络提供大量的特色应用业务。

IPv6 传感器网络是一种新兴的网络形态，它把 IPv6 技术融入无线传感器网络，采用分层结构构建开发式的网络体系。不仅能解决无线传感器网络间、无线传感器网络与 Internet 间的互连互通问题，同时解决了无线传感器网络固有的缺点，如需要数量巨大的地址资源、需要实现有效地址管理机制、缺乏应有的安全机制等问题。

在无线传感器网络中引入 IPv6 技术有着如下重要意义：

（1）经济价值方面。可以利用现有成熟的 IP 技术和已有的网络设施实现基于 IP 的应用，不需要额外的基础设施建设，大大减少应用成本。

（2）知识产权方面。IP 网络普遍性使得 IP 组网技术相对其他专用或新型组网技术更容易被人们接受。

（3）互连互通方面。基于 IP 技术的无线传感器网络采用与 Internet 相同的 IP 技术，可以更容易地实现其与现有外部网络的互连互通。

（4）应用方面。在安全监测应用领域，基于 IP 技术的无线传感器网络更具有抗毁鲁棒性，可以及时有效地监测灾害的发生，以减少灾害所造成的损失。

将 IPv6 技术与无线传感器网络技术融合，在大规模节点组成的传感器网络应用中具有特殊优点。鉴于这些，Internet 工程任务组（Internet Engineering Task Force，IETF）于 2004 年 11 月正式成立了 6LoWPAN 工作组，着手制订基于 IPv6 的低速无线个域网标准，旨在将 IPv6 引入以 IEEE 802.15.4 作为底层标准的无线个域网中。当前此工作组正处于草案征集阶段，许多组织和个人已经提交了有价值的草案，各项技术都还只是处于理论研究及不断探讨中。

2. IPv6 传感网技术发展历程

从 1995 年 IPv6 核心协议草案的形成，1998 年 IPv6 核心协议的相对成熟至今，IPv6

在协议标准制定、技术研究、产品开发、试验及商用等方面均取得了一定程度的进展。在技术标准制定方面，以 IETF 为主导的标准化组织已制定出上百项有关 IPv6 协议的 RFC；在技术研究和产品开发方面，业界围绕主机操作系统、网络设备、协议软件、应用软件等已开发出一些初期的产品；在技术试验方面，已建成了若干具有一定规模的 IPv6 试验床为技术研究和产品开发提供试验和测试平台；在商用实验方面，国外已开展了 IPv6 的商用实验并提供了有限的商业应用与服务。日本和欧洲的一些国家在 IPv6 技术研究方面非常积极，并进行了广泛的研究，目前在 IPv6 的研发与应用方面走在世界的前列。

　　IPv6 传感器网络作为一种新兴的网络形态，更是引起广泛的关注。目前国际上有很多科研机构和组织研究 IPv6 无线传感器网络的体系结构及协议栈，如 Arch Rock、uIPv6 等。Arch Rock 是一个致力于 IP-Based 无线传感器网络应用的公司，其开发的 Arch Rock IP/6LoWPAN 协议栈以 IETF 工作组提出的 6LoWPAN 标准为核心技术，支持 IEEE 802.15.4 标准。uIPv6 是由 Cisco、Atmel 和 SICS 共同开发，于 2008 年发布的 IPv6 微型协议栈。其前身是 uIP，是由瑞典计算机科学学院（网络嵌入式系统小组）Adam Dunkels 开发的适用于嵌入式开发的传输控制协议/网间协议（TCP/IP）栈。然而 uIPv6 并不具备传感路由协议以及网络管理等，另外有关 uIPv6 的产品还未进入商业阶段，还远不能适应于大规模无线传感器网络的应用。

　　为了推进信息网络技术的发展，在全球占有重要的地位，我国启动了关于 IPv6 的中国国家战略项目（China Next Generation Internet，CNGI）。从 2003 年，我国就开始紧密跟踪和研究 IPv6 无线传感器网络方面的最新技术，并于 2004 年 9 月研发出一套适用于小型无线传感器网络节点的嵌入式 IPv6 微型协议栈 MSRLab6，该协议栈遵循 6LoWPAN 规范，同样严格支持 IEEE 802.15.4 标准。该协议栈去掉了不必要的组件及扩展功能，使得 IPv6、ICMPv6、ND、TCP、UDP 等协议得到较大精简；直接面向硬件，设计独立于操作系统的调度机制；为提高运行效率，采用了最大容量限制的内存分配方案；设计了基于事件和数据类型驱动的应用程序接口。

4.2.2　IPv6 传感网与移动互联网的融合

　　随着计算机网络技术的快速发展，Internet 延伸到了地球的每个角落，全球互联网用户已超过 10 亿，移动用户已超过 30 亿。为移动互联网的发展积蓄了巨大的潜能。无线设备和新业务的进一步迅速发展及随之而来的大量地址需求，很快将超出现有互联网协议的能力。同时，随着下一代高速移动无线网的建设，无线游戏、音乐点播、视像和电视会议等业务正在成为现实。还有许多等待已久的移动商务业务，如移动订票、移动银行等也将开展起来。这些应用意味着数十亿台新设备将与互联网相连，而且需要自己的网络地址。而 Internet 当前使用的协议版本 IPv4 因自身缺陷而无法有效地满足当前不断增长的地址需求。IPv6 作为下一代互联网协议，是针对 IPv4 现在面临的问题而提出的，并且已经在主流设备中获得了广泛的支持。自从业界提出 IPv6 概念以来，它就和移动互联网紧紧联系在一起。IPv6 是建设移动互联网的重要基石，它将会引起一场移动互联网的革命。通过有效地将 IPv6 的移动性引入移动互联网，能够使用户在移动状态下以多种接入方式享受移动互联网的服务，将为网络服务商与用户创造更多的机会。

移动互联网从 IPv4 向 IPv6 过渡的技术问题已经基本解决，但过渡过程是长期的、渐进的，在过渡过程中网络和终端设备可能需要同时支持 IPv4 和 IPv6。IPv4 的网络和业务将会在相当长的时间里与 IPv6 共存。因此选择合适的过渡机制和过渡策略非常重要，需要运营商和设备商特别地关注和重视。

移动互联网演进包括无线接入技术的演进和移动技术的演进。移动互联网与 IPv6 相关的演进部分也就是移动 IP 部分。其中移动 IP 的演进又以手机终端为主要对象。

1．移动互联网的目标结构

移动互联网目标结构如图 4-4 所示，应该能够融合各种移动终端和接入技术，形成统一的接入平台和业务平台，使得认证、计费能够基于统一的用户身份进行管理，方便业务的开展。最终实现统一的通信目标。考虑到移动终端对 IP 地址的海量需求和移动接入的复杂性，在目标网络中，移动手机终端不建议采用双栈，而直接采用纯 IPv6 协议栈，一方面简化手机终端的开发成本，另一方面也简化移动网络的结构。

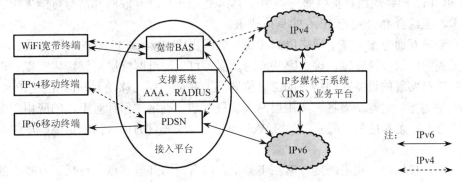

图 4-4　移动互联网的目标结构

移动互联网中的接入设备，主要是宽带接入服务器（Broadband Remote Access Server，BRAS）设备和分组数据支持节点（Packet Data Support Node，PDSN）设备。应采用双栈同时连接至 IPv4 和 IPv6 网络，BRAS 和 PDSN 与支撑系统之间则采用 IPv6 协议，以发挥 IPv6 的技术优势。

移动互联网的核心业务平台如 IMS 或者自主研发的系统，应采用双栈结构，同时连接到 IPv4 网络和 IPv6 网络。这主要是考虑到未来这些应用或业务会向传统 PC 终端提供访问，而未来在相当长的时期内，基于 IPv4 协议栈的 PC 终端会持续存在；另一方面也是为了保证业务平台能够同时从 IPv4 和 IPv6 网络中获取资源，丰富业务平台的内容，提高互联网应用的吸引力。

2．融合策略

由于移动互联网对地址的需求远超过传统互联网的需求，并且移动互联网应用相对简单，网络的开放性也不如传统互联网，因此移动互联网对 IPv6 的需求更为强烈。总的来说，移动互联网向 IPv6 的演进应当遵循"平滑过渡、尽快启动、应用创新"的原则，按照规模和进度在总体上可以分为试点阶段、引入阶段和普及阶段。

1）试点阶段

试点阶段主要是研究制定基于 IPv6 协议的移动互联网组网方案，以技术验证为主要目的，在现有网络进行小规模试点。由于目前基于 IPv6 的移动互联网商用案例还很少，终端与接入设备能够完善配合的端到端方案和技术还不成熟，在发展商用客户和业务之前必须对各种方案和技术进行试点。这个阶段的主要工作如下：

（1）全网移动 IPv6 的支持能力调研。包括终端对简单 IPv6 和移动 IPv6 的支持程度。接入设备如 WiFi、PCF 和 PDSN 对 IPv6 的支持情况。评估全网升级至 IPv6 的难度和成本。

（2）制定规范要求。对移动终端主要是移动手机提出明确的功能要求，包括协议栈要求、支持的移动 IP 标准、支持的地址分配方案、支持的接入认证技术等。对网络侧接入设备提出明确要求，包括 PDSN 的接入要求、地址分配要求、认证要求等。这些要求必须结合计费系统、认证系统等综合考虑，满足可运营可管理的要求。对移动业务平台提出 IPv6 相关要求，包括各种业务系统如何与 IPv6 网络、IPv4 网络同时互连，如何通过 IPv4 和 IPv6 向终端用户提供服务。由于 IMS 是未来移动互联网非常有可能采用的核心网技术，应综合 IMS 提出 IPv6 的具体要求。

（3）制定互通方案。基于网络层为移动互联网提出 IPv4 到 IPv6 的互通方案，主要是应用无关的协议转换方案，确定哪些应用及服务可以通过网络层协议转化实现。以及提供这些转换实现的设备在网络中的部署位置等。在应用层为移动互联网提供 IPv4 到 IPv6 的互通方案。通过部署各种应用层网关实现互通，确定如何针对不同的应用制定不同的网关方案，尤其是在主流应用，如 Web 浏览、电子邮件方面，需制定能够尽快实施的方案。

（4）小规模试点。利用既定方案在实验室、现有网络开展试点，包括试点基本的接入服务。确定能否采用 IPv6 建立网络连接，能否实现必要的认证和计费功能，能否实现漫游切换等。在试点基本接入服务的基础上。还应对各种协议转换及新的应用进行试点。

2）引入阶段

引入阶段是 IPv6 基本技术得到验证后，在现有网络开始发展用户的最初阶段，如图 4-5 所示。这个阶段以传统基于 IPv4 地址的接入为主，少量新增 IPv6 用户为辅，移动互联网中同时存在 IPv4 和 IPv6 两种流量。

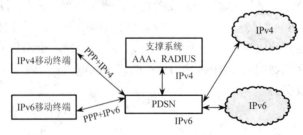

图 4-5 引入阶段示意图

3）普及阶段

普及阶段的网络结构逼近目标网络结构，终端以 IPv6 单栈为主，核心网如 PDSN、接入支撑系统及未来的业务平台均支持双栈协议，能够支持 WiFi、3G、LTE 等接入认证，实现综合统一管理。

普及阶段逐步将 IPv4 用户转成 IPv6 用户，形成以 IPv6 为主、IPv4 为辅的接入模式，最终达到所有终端采用 IPv6 协议从而发挥 IPv6 海量地址的优势。在应用上，由于存在大量的 IPv6 终端，基于 IPv6 的应用将快速发展，预计 IPv6 网站会快速增长，基于 IPv6 的流媒体和即时通信也将大量涌现，P2P 应用也会逐步应用到手机终端。除了提供基本的网络接入服务及基本的语音和视频通信外。在移动互联网方面应加强 IPv6 业务和应用的研究，加强对移动互联网上层的应用控制，打造应用和业务的基础平台，能够给应用开发者以更低的成本和更快捷的速度部署应用，并且结合基础平台提供的有关用户身份、位置等信息开发出个性化、人性化的应用。

传统互联网已经证明整个产业的价值核心在于上层内容和应用。移动互联网与传统互联网相比，本质上仅是接入技术不同，所以将来内容和应用也将是其整个产业的核心。在普及阶段应大力推广各种基于移动终端的特色应用，包括信息服务、电子商务、社交网络、在线游戏等。

IPv6 作为下一代互联网协议，针对 IPv4 存在的问题，特别是地址容量和移动性方面的问题做了明显的改进，相对 IPv4 具有巨大的技术优势。IPv6 的出现是移动通信领域的一个重要里程碑，由于它支持节点的移动性和自动配置特性，因而为实现移动通信和互联网的融合提供了可能，为移动互联网的发展提供了一个契机，为未来网络和未来业务的发展提供强有力的支撑。移动互联网从 IPv4 向 IPv6 过渡是一个长期的、渐进的过程。在过渡的各个阶段应采用合适的过渡机制和制订合理的过渡策略，需要电信运营商、内容提供商、设备制造商等产业链的各个环节通力合作，从而促进网络和业务向 IPv6 平滑、稳妥地过渡，最终实现所有的网络和业务都承载在 IPv6 平台上，并保障网络和业务的可持续发展。

IPv6 传感器网络是 IPv6 技术与无线传感器网络的融合，具有两者各自部分的特征，同时也具有其独特性。这种独特性，决定了 IPv6 传感器网络不适合直接采用 IPv6 网络或无线传感器网络的传统体系结构，主要体现在如下几个方面：

（1）传统的传感器网络体系结构不支持 IPv6 协议，无法实现与下一代互联网的直接融合，不支持端到端通信，可扩展性不高。

（2）IPv6 作为下一代互联网的核心协议。充分考虑了网络中的各种问题，已经形成一套功能强大、鲁棒性好的协议体系，无法应用在存储资源和处理资源受限的传感器网络中。因此，必须在充分考虑到此网络的特点和特殊性的前提下，重新构建基于 IPv6 的传感器网络体系结构中。

4.2.3　IPv6 传感网标准化进展

IETF 成立了 3 个工作组来进行低功耗 IPv6 网络方面的研究。

（1）6LowPan（IPv6 over Low-power and Lossy Networks）工作组：主要讨论如何把 IPv6 协议适配到 IEEE 802.15.4 MAC 层和 PHY 层协议栈上的工作。

（2）RoLL（Routing Over Low Power and Lossy Networks）工作组：制定低功耗网络中 IPv6 路由协议的规范，制定了各个场景的路由需求及传感器网络的 RPL（Routing Protocol for LLN）路由协议。

（3）CoRE（Constrained Restful Environment）工作组由 6LowApp 兴趣小组发展而来，主要讨论资源受限网络环境下的信息读取操控问题，旨在制定轻量级的应用层协议（Constrained Application Protocol，CoAP）。

1．6LowPan 工作组

6LowPan 工作组成立于 2006 年，属于 IETF 互联网领域。该工作组已完成两个 RFC：《在低功耗网络中运行 IP6 协议的假设、问题和目标》（RFC4919，Informational）；《在 IEEE 802.15.4 上传输 IPv6 报文》（RFC4944，Proposed Standard）。

在 IEEE 802.15.4 网络中运行 IPv6 协议的主要挑战来自于两个方面，一方面 802.15.4 物理层支持的最大帧长度是 127 字节，而 IPv6 的报头就占据了 40 字节，再加上 MAC 层报头，安全报头、传输层报头的长度，实际能够给应用层使用报文长度变得非常小。另一方面，IPv6 协议（RFC2460）中规定的最大传输单元（MTU）值最小是 1280 字节，表明 IP 层最小只会把数据包分片到 1280 字节。如果链路层支持的 MTU 小于此值，则链路层需要自己负责分片和重组。所以，6LowPan 工作组为 IEEE 802.15.4 设计了一个适配层，把 IPv6 数据包适配到 IEEE 802.15.4 规定的物理层和链路层之上，支持报文分片和重组，同时 6LowPan 规定了 IPv6 报头的无状态压缩方法，减小 IPv6 协议带来的负荷。

6LowPan 工作组的工作在低功耗节点协议栈中的位置如图 4-6 所示。

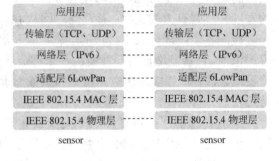

图 4-6　6LowPan 协议模型

报头压缩的主要原理是通过压缩编码省略掉报头中冗余的信息。不包含扩展头的 IPv6 报头一共有 40 字节，但是在网络感知层，IPv6 报头中的很多信息可以省略或者压缩，IPv6 报头中的各个信息域的压缩方法如下：

（1）版本号 Version（4 位）。取值为 6，在运行 IPv6 协议的网络中，此项可以省略。

（2）流类型 Traffic Class（8 位）。可以通过压缩编码压缩。

（3）流标识 Flow Label（20 位）。可以通过压缩编码压缩。

（4）载荷长度 Payload Length（16 位）。可以省略，因为 IP 头长度可以通过 MAC 头中的载荷长度字段计算出来。

（5）下一个头 Next Header（8 位）。可以通过压缩编码压缩，假设下一个头是 UDP、ICMP、TCP 或者扩展头的一种。

（6）跳极限 Hop Limit（8 位）。唯一不能进行压缩的信息。

（7）源地址 Source Address（128 位）。可以进行压缩，省略掉前缀或者 IID。

（8）目标地址 Destination Address（128 位）。可以进行压缩，省略掉前缀或者 IID。

为了对 IPv6 报头进行无状态压缩，6LowPan 工作组制定了两种压缩算法 LOWPAN_HC1（RFC4944）和 LOWPAN_IPHC（draft-ietf-6LowPan-hc-06），其中 HC1 算法用于使用本地链路地址（Link-local Address）的网络，节点的 IPv6 地址前缀固定（FE80∷/10），IID 可以由 MAC 层的地址计算而来，但是这种算法不能有效压缩全局的可路由地址和广播地址，因此不能用于 LOWPAN 网络与互联网互访的应用。LOWPAN_IPHC 算法的提出主要是为了有效压缩可路由的地址，目前 LOWPAN_IPHC 算法正在 IETF 6LowPan 工作组进行最后的修订状态。

除了 IPv6 无状态报头压缩的方法之外，6LowPan 工作组还制定了一系列相关标准，包括支持 Mesh 路由的方法，简化的 IPv6 邻居发现协议，应用场景和路由需求等几个关键的技术规范。

2. IPv6 路由工作组 RoLL

RoLL（Routing over Lossy and Low-power Networks）工作组于 2008 年 2 月成立，属于 IETF 路由领域的工作组。IETF RoLL 工作组致力于制定低功耗网络中 IPv6 路由协议的规范。RoLL 工作组的思路是从各个应用场景的路由需求开始，目前已经制定了 4 个应用场景的路由需求，包括家庭自动化应用（Home Automation，RFC5826）、工业控制应用（Industrial Control，RFC5673）、城市应用（Urban Environment，RFC5548）和楼宇自动化应用（Building Automation）。

为了制定出适合低功耗网络的路由协议，RoLL 工作组首先对现有的传感器网络的路由协议进行了综述分析，工作组文稿分析了相关协议的特点及不足。然后研究了路由协议中路径选择的定量指标。RoLL 工作组文稿包含两个方面的路由定量指标，一方面是节点选择指标，包括节点状态、节点能量、节点跳数（Hop Count）；另一方面是链路指标，包括链路吞吐率、链路延迟、链路可靠性、ETX、链路着色（以区分不同流类型）。为了辅助动态路由，节点还可以设计目标函数（Objective Function）来指定如何利用这些定量指标来选择路径。

在路由需求、链路选择定量指标等工作的基础上，RoLL 工作组研究制定了 RPL（Routing Protocol for LLN）协议。RPL 协议目前是一个工作组文稿（Draft-IETF-RoLL-RPL），已经更新到第 8 版。RPL 协议支持 3 种类型的数据通信模型，即低功耗节点到主控设备的多点到点的通信，主控设备到多个低功耗节点的点到多点通信，以及低功耗节点之间点到点的通信。RPL 协议是一个距离向量路由协议，节点通过交换距离向量构造一个有向无环图（Directed Acyclic Graph，DAG）。DAG 可以有效防止路由环路问题，DAG 的根节点通过广播路由限制条件来过滤掉网络中的一些不满足条件的节点，然后节点通过路由度量来选择最优的路径。

3. IPv6 应用工作组 CoRE

2010 年 3 月，CoRE 工作组正式成立，属于应用领域。CoRE 起源于 6LowPan 兴趣组，主要讨论受限节点上的应用层协议。随着讨论的深入，IETF 技术专家把工作组的内容界定在为受限节点制定相关的 REST 形式的协议上。REST（Representational State Transfer）是指表述性状态转换架构，是互联网资源访问协议的一般性设计风格。REST 提出了一些设计概念和准则：网络上的所有对象都被抽象为资源；每个资源对应一个唯一的资源标识；通过通用的连接器接口；对资源的各种操作不会改变资源标识；对资源的所有操作是无状态的。HTTP 协议就是一个典型的符合 REST 准则的协议。在资源受限的传感器网络中，HTTP 过于复杂，开销过大，因此也需要设计一种符合 REST 准则的协议，这就是 CoRE 工作组正在制订的 CoAP 协议（Constrained Application Protocol）。

目前，CoAP 协议还处于讨论状态，暂时没有工作被 IETF 接受为工作组文稿。

应用 CoAP 协议之后，互联网上的服务就能够直接通过 CoAP 协议或者通过 HTTP 与 CoAP 协议之间的网关来进行资源读取、修改、删除等操作。图 4-7（a）显示了 CoAP 通过网关与 HTTP 协议进行转换的方式，图 4-7（b）显示了传感器节点直接与支持 CoAP 协议的互联网服务器进行信息交互的方式。图 4-7 中也显示了这两种方式中，节点和网关的协议栈都是建立在 IPv6 和 6LowPan 协议栈之上的。

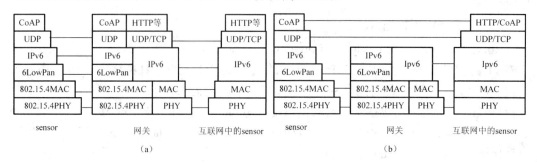

图 4-7　CoAP 协议栈

物联网感知层的 IPv6 协议目前在 IETF 组织进行研究和标准化，其他相关标准化组织为了支持 IPv6 也要研究如何采用和应用 IETF 相关标准。目前，支持 IPv6 相关应用的国际标准化组织有 IPSO、ZigBee、ISA-100 等组织。

4. IPSO Alliance

IPSO Alliance（IP Smart Object Alliance）即 IP 智能物体产业联盟，是推动 IETF 所制定的轻量级 IPv6 协议相关应用的产业联盟。IPSO 成立于 2008 年 9 月，其发起组织包括 CISCO，Ericsson、SUN 等电信和互联网厂商，也包括一些传统的传感器网络的芯片和器件厂商，如 Atmel、Freescale、Arch Rock、Sensinode 等。

IPSO 联盟的主要目的是推动智能 IP 解决方案的产业实施和实现智能 IP 解决方案的技术优势。IPSO 分析了现有传感器网络系统和控制系统中方案的问题，特别是这些方案长远来看在大规模系统中难以互通的问题，指出 IP 技术作为一种成熟和高度互通的方案，是市场和技术的最优选择。IPSO 目前的工作包括：引起产业界对 IP 智能物体解决方案的重视，利用现有方案并且进行技术开发；产出一系列帮助厂商开发的指导性研究报告、白皮书和应用场景；从市场层面辅助 IETF 组织的工作；连接起全世界支持 IP 智能感知和控制系统的公司；协调和组织市场推动工作；组织互通性测试。

目前，IPSO 已经产出 5 份白皮书，包括：① IP 协议带来的优势；② 智能物体的轻量级 IPv6 协议栈，来自 3 个独立互通实现的经验；③ 6LowPan 介绍；④ 6LowPan 邻居发现协议概览；⑤ 智能物体的网络安全。

IPSO 主要基于 IETF 所制定的技术标准，以此来推动应用和产业发展，进行互通性测试，资质认证等工作，是 IETF 物联网技术的主要推动者。

5. ZigBee Alliance

ZigBee 是 IEEE 802.15.4 组织对应的产业联盟。ZigBee 制定了短距离无线通信标准的网络层和应用层，针对不同的应用制订了相应的应用规范。ZigBee 对应的物理层和链路层是在 IEEE 802.15.4 组织研究制订的。ZigBee 目前正式发布的规范涵盖了下面几种应用：智能电力、遥控、家庭自动化、医疗、楼宇自动化、电信服务应用、零售服务应用等。ZigBee 组织目前包含 23 个工作组和任务组，涵盖技术相关的工作组：架构评估、核心协议栈、IP 协议栈、低功耗路由器、安全，以及应用相关的工作组：楼宇自动化、家庭自动化、医疗、电信服务、智能电力、远程控制、零售业务，还有与市场、认证相关的一些工作组。ZigBee 最初是不支持 IP 协议的，目前 ZigBee 已经正式发布的应用规范都没有对 IP 协议的支持。但是随着 IETF、IPSO 相关工作的推进，以及 ZigBee 内部成员单位的推动，ZigBee 的智能电力 Smart Energy 2.0 应用已经开始全面支持 IP 协议。同时，ZigBee 内部成立了 IP Stack 工作组，专门制定 IPv6 协议在 ZigBee 规范中的应用方法。ZigBee Smart Energy 2.0 应用也将采用 IETF 6LowPan 制订的适配层，要求 IEEE 802.15.4 设备的网络中使用这种轻载的 IPv6 协议栈，同时把对 6LowPan 的支持作为一种必选。在应用层，新的规范也支持轻量级的 COAP 协议。ZigBee IP Stack 工作组的工作范围可以从图 4-8 显示出来。适配层（Adaption Layer）提供报头压缩和解压缩功能，IP 报文分片重组的能力；网络层提供 IPv6 地址配置、ICMPv6 协议、邻居发现、路由、安全接入的能力；传输层要求提供多路数据流服务，进行拥塞控制和流量控制；在基础设施服务层，ZigBee IP Stack 工作组正在制定 EAP 认证、TLS、端到端安全的相关架构和技术规范。

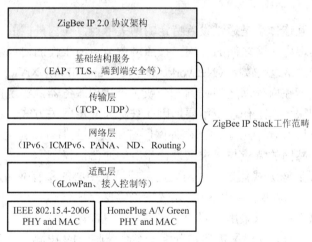

图 4-8　ZigBee IP Stack 工作组的工作范畴

6. ISA-100

ISA（International Society of Automation）是无线传输在工控领域的产业联盟，ISA 专门成立了一个由终端用户和技术提供者组成的 ISA-100 委员会，该委员会的主要任务是制定标准、推荐操作规程、起草技术报告等，用以定义工业环境下的无线系统相关规程和实现技术。ISA-100.11a 工作组主要由 10 个子工作组组成：系统工作组、汇集工作组、PHY/MAC 层工作组、安全工作组、网络/传输层工作组、网络管理工作组、评估工作组、应用层工作组、编辑工作组和网关工作组。其中，在网络/传输层上，ISA-100.11a 组织也要求支持 RFC4944 的网络层协议栈，支持 6LowPan、IPv6 协议和 TCP/UDP。

4.2.4　IPv6 传感网关键技术

在传感网中实现和优化 IPv6 协议，是实现物联网的关键问题之一。在传感器网络节点中采用 IPv6 协议存在如下挑战：① 传感网的移动性挑战；② 传感网的处理速度慢、存储容量小、低能耗等挑战；③ 传感网的地址分配和传感器标识的技术挑战；④ 传感网的邻居发现和地址自动配置的挑战。

IPv6 协议毕竟不是专门面向传感器网络设计的通信协议，在基于 IPv6 的传感器网络实现过程中仍存在一系列问题有待进一步解决。

1．体系结构

体系架构是指导具体系统设计的首要前提。物联网应用广泛，系统规划和设计极易因角度的不同而产生不同的结果，因此急需建立一个具有框架支撑作用的体系架构。另外，随着应用需求的不断发展，各种新技术将逐渐纳入物联网体系中，体系架构的设计也将决定物联网的技术细节、应用模式和发展趋势。IPv6 的无线传感网体系结构设计要求轻量的、可重新配置的架构设计原则，同时能实现基于 IPv6 传感网地址分配方案和传感器识别机制。

IPv6 传感网网络互连体系结构可根据其互连方式分为以下几种：

1）Peer to Peer 方式

这种方式网络互连体系是通过设置特定的网关节点，在内外网的相同协议层次之间进行协议转换，实现内外网之间的互连。按照网关节点所工作的协议层次不同，可进一步分为应用网关和网络地址转换（Network Address Translation，NAT）网关两种方式。

应用网关方式：在内外网之间设置一个或多个代理服务器，实现内外网的互连。从协议角度看，代理服务器工作在应用层，因此被称为应用网关方式。在该方式下，只有网关节点才需要支持 IPv6 协议。由于内外网所有协议层上都可以完全不同，所以在内外网完全可以根据传感网的特点与要求来设计相应的通信协议。

NAT 网关方式：该方式假定在内网采用以地址为中心的私有网络层协议，而在外网采用标准的 IPv6 网络层协议，由 NAT 网关在网络层完成传感网与外网之间的地址和协议转换。网络层以上都可以采用相同的协议。对于每个内网节点而言，它需要被分配一个本地唯一的内部地址，同时又需要被分配一个全球唯一的 IP 地址，分别用于在内外网范围内标识节点和路由寻址。

2）重叠方式

这种方式网络互连体系是在内外网分别采用不同协议栈的情况下，通过协议承载而不是协议转换来实现彼此之间的互连。它主要分为两种：传感网覆盖 IPv6 网络，以及 IPv6 网络覆盖传感网。

在传感网覆盖 IPv6 网络方式下，外网上所有需要与传感网通信的节点及连接内外网的网关节点称为传感网的虚节点（Virtual Node），它们所组成的网络称为传感网的虚网络（Virtual Networks），虚网络看做是实网络（即传感网）在外网上的延伸。在实网络部分，每个传感网节点都运行适应于传感网特点的私有协议；在虚网络部分，传感网私有协议的网络层作为应用承载在 TCP/UDP 和 IP 之上。TCP/UDP 和 IP 以隧道形式实现虚节点之间的数据传输功能。

在 IPv6 覆盖传感网方式下，对于外网用户而言，由于它们可能需要直接进行访问或控制传感网内部的某些特殊节点，因而这些特殊节点往往也需要支持 IPv6 协议。受通信能力的限制，这些节点与网关节点之间及它们彼此之间可能并非一跳可达，因此，为了实现它们之间的数据传输，就需要通过一定的方式在已有的传感网协议上实现隧道功能，于是出现了 IP over WSN 的形式。在该方式下，传感网主体部分仍采用私有通信协议，IPv6 协议只被延伸到一些特殊节点。

3）全 IP 方式

该方式下的网络互连体系要求每个普通的传感器节点都支持 IPv6 协议，内外网通过采用统一的网络层协议（IPv6 协议）实现彼此之间的互连，是传感网与 IPv6 网络互连最简单、最方便的方式。

2. 地址自动配置

地址自动配置是 IPv6 的一个重要技术特色，IPv6 既支持有状态的地址自动配置，又支持无状态的地址配置，可以在无人为干预的情况下为每个接口配置相应的 IPv6 地址。这一点与传感器网络自组织、自配置的设计目标非常吻合。但与此同时，现有的 IPv6 地址自动配置方式在传感器网络中也存在一些问题。如中心控制的特点带来大量的控制消息开销，根据 MAC 地址生成的 IPv6 地址对传感器节点间的路由寻址没有带来任何方便。

3. 路由转发功能

由于许多类型的传感器网络都是无线多跳网络，传感器网络中的部分或全部节点具备路由转发能力是非常必要的。因此，对于每个普通节点而言，它是只支持主机侧的 IPv6 协议，还是同时支持主机侧和路由器侧的 IPv6，是值得深入研究的一个重要问题。该问题与传感器网络的网络结构、寻址方式等因素密切相关，需要结合具体的组网模式和寻址机制作相应的考虑。

4. IPv6 报头压缩

传感器网络一般具有非常小的通信业务量和非常低的数据率（1～100 kbit/s），采用标准 IPv6 封装格式势必带来很大的分组头开销。标准的 IPv6 封装的分组报头开销需要增加 40byte，尽管在传统的以通信为目的的网络中这些控制开销相对业务数据而言微乎其微，但在以收集数据为目的、低业务量的传感器网络中，这些开销所占的比重却显得举足轻重。因此，从降低传输能耗的角度出发，这些开销不容忽视。采用一定的方式对 IPv6、TCP 和 UDP 头部的某些字段进行压缩是降低头开销的重要途径。尽管当前该方面的工作已取得了一定的进展，但紧密结合传感器网络特点的头压缩方式仍有待于深入研究。

5. 以数据为中心的业务承载

基于属性进行数据查询、在数据回传过程中对其进行聚合或融合处理，是许多传感器网络区别于传统 IP 网络的重要特点，这与基于 IP 地址进行寻址、端到端传输机制是相违背的。以地址为中心的网络构架下，如何有效支持以数据为中心的业务是尚待解决的问题。

6．协议栈的裁减

由于无线传感节点通常使用存储器容量受限的嵌入式处理器控制器。所以对协议栈的大小也提出了严格的要求。常用的无线协议中，ZigBee 协议栈占 28kbyte，这相对于蓝牙协议栈的 250kbyte 而言。无疑前者是很有吸引力的。较小的协议栈规模有助于降低对嵌入式处理器，控制器的性能和存储容量的要求，从而降低成本。IPv6 最初并没有考虑嵌入式应用，所以要想 WSN 中实现 IPv6，就要在协议栈的裁减方面需要付出努力。从 OSI 七层协议的角度来看，没有必要在每一个无线传感节点上都实现高层协议栈。对于与人交互的节点，例如，智能手持终端等。需要实现高层协议以实现友好的人机界面。而在某些情况下；这些节点的功能可以融入已有设备，如 PC 等，此时的协议栈就不必考虑存储容量的问题。另外，对于那些不需要与人交互的节点，例如，仅仅采集某种信息的终端节点，它们就不必实现高层协议，只要能够完成传输功能即可。

7．功耗

IPv6 最初不是为了嵌入式应用或者移动应用而设计的。所以 IPv6 中并没有考虑功耗问题。而为了能在无线传感网络中使用，就必须降低功耗。一个最直接的降低功耗的方法，就是像多数低功耗的无线协议那样，支持休眠模式，并采用非常低的占空比（duty-cycle，或称为忙闲度）。在不需要采集和传输数据的时候转入休眠模式。

4.3　面向物联网的典型应用之车载传感网

4.3.1　车载传感器网络概述

1．车载传感器网络的定义

车载传感器网络是车辆自组织网络（Vehicular Ad hoc Networks，VANETs）与无线传感器网络相结合的产物，图 4-9 显示的是交叉路口车载传感器网络的布设场景。随着传感器技术和无线通信技术的迅速发展，越来越多的汽车制造商为汽车安装了智能计算和无线通信设备，以及 GPS（Global Position System，全球定位系统）和 GIS（Geographic Information System，地理信息系统），车辆与车辆、车辆与 AP 之间通过无线通信设备自组成网，这使得车辆构成了网络中的节点，这种特殊的移动自组织网络称为车辆自组织网络，它以提供安全、有效、方便的驾驶环境。近年来，研究团体和汽车制造商通过给车辆装备大量不同类型的传感器，与此同时，无线传感器网络近年来也取得了长足的发展，其主要用于协作地采集、处理和传输网络覆盖区域中被感知对象的信息，从而在车载自组织网络的基础上构建了一个移动的、基于车辆的新型传感器网络，即车载传感器网络。

车载传感器网络的体系结构如图 4-10 所示，整个车辆传感器网络由移动的车辆节点和固定的路侧基站组成。通过在车辆内部安装车载无线通信设备，使车辆节点具有无线通信的能力。当两个车辆节点在无线通信范围内时，它们之间就能够建立起通信链路，从而实现车辆间数据的交换。同时，在道路上隔一段距离就会安装固定的路侧基站，它们也部署了无线通信设备，在车辆经过时能让车辆与路侧的无线通信设备实现相互通信。

路侧的基础设施在正常状况下是连接着 Internet 的，所以车辆可以通过与路侧基础设施的连接来实现在车辆行驶移动中与 Internet 的连接。

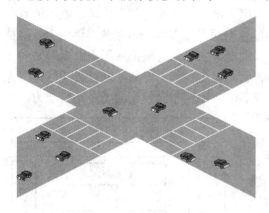

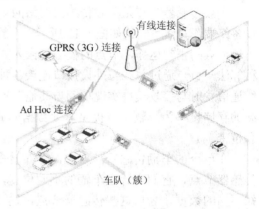

图 4-9　车载传感器网络交叉路口　　　　　图 4-10　车载传感器网络体系结构示意图

　　在无线车辆传感器网络中，无线通信技术占有重要的地位，它决定了车辆节点的通信方式与通信能力。无线通信技术的飞速发展，为车辆传感器网络的无线通信提供了多种技术支持，让车辆传感器网络有更多的技术选择，包括已在无线局域网中广泛使用的 WiFi 技术，还有美国联邦通信委员会（FCC）制定的专用短程通信标准（DSRC）。DSRC 工作在 5.9 GHz 波段，拥有约 75 MHz 的带宽，专用于车辆与车辆、车辆与路侧的无线通信。车辆传感器网络的通信模式如图 4-11 所示。

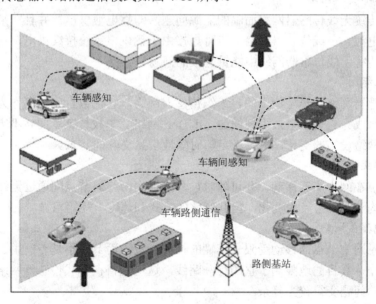

图 4-11　车载传感器网络通信模式示意图

　　在每一个单个的车辆节点内，可以根据应用的需要选择性地集成多种传感器设备，感知不同种类的环境数据和信息。典型的感知设备包括全球定位系统接收终端，能够实时地获取车辆所处的地理位置与行驶速度信息；视频摄像机能够拍摄车辆附近的视频画面与图像信息；加速传感器能够提供车辆瞬时的加速度信息；环境传感器能够感知环境指标信息，如温湿度、一氧化碳含量等。其他的传感器还有车辆内的状态传感器，提供发动机温度、剩余油量等信息。佩戴在驾驶员身上的生物传感器，能够提供驾驶员生理状态等信息。

车载传感器节点是车载传感器网络的重要组成部分，是实现信息采集、处理的智能设备终端，其体系结构如图 4-12 所示。它的能量来源是由车辆供电系统提供电力，维持车辆节点的正常运作，节点的核心是嵌入式处理器，它里面有根据应用需求而编写的各种算法，节点通过总线与外设接口连接各种传感器设备，从而感知不同种类的信息，无线通信发射与接收模块实现车辆与其他车辆或车辆与路侧基础设施的无线通信能力，车载的存储设备为车辆节点提供本地数据的储存和携带。

在单个的车辆传感器节点内，分布着多种传感器节点，它们安置在车辆的不同位置，感知不同的数据，之后这些传感器节点再通过无线传感器网络技术将感知的数据汇总到车辆的网关节点中去，然后车辆节点再利用无线通信方式将这些数据进行存储和转发。

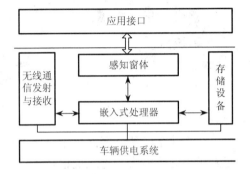

图 4-12 车辆节点的体系结构

2．车载传感器的网络特点

作为车辆自组织网络与无线传感器网络相结合的产物，车载传感器网络有两者的相似之处，又有其自身的特点。其主要特点如下：

1）资源不受限网络

不同于传统无线传感器网络面临的能源问题，即靠电池供电，并且在某些恶劣条件下不易更换电池，车载传感器网络节点可直接由车辆供电系统持续供电，这就从一定程度上缓解了传统无线传感器网络中能量受限的问题。

2）自组织网络

车载传感器网络是一种特殊的自组织传感器网络，它由数百万辆车作为车载传感器网络节点，将成为有史以来最大规模的 Ad Hoc 网络。车载传感器网络不需要依赖现有的硬件基础网络设施的支持，可以满足随时随地信息交互的需求。

3）动态变化网络

网络节点在网中高速移动，并可随时加入或退出网络。节点间通过无线信道形成的网络拓扑结构随时都会发生变化，但其变化的方式和速度有规矩可循。

4）被动覆盖网络

车载传感网中节点的移动受限于车辆的行驶轨迹，而节点不是专门用于信息感知和数据收集工作，其目的地限制了它的行驶路线，这也使得在车载传感器网络中，如果解决网络覆盖的问题变得较为复杂。

5）群组节点运动有规律

在车载传感器网络中，车辆移动较有规律，结合车速、街道形状，可以预测路径状态。因此，不同运动场景对车辆运动的规律性有着较大的影响。

6）数据量大的网络

由于车载传感器网络是资源不受限网络，每个节点都安装有若干个传感器，使得车载传感器网络具有密集的信息感知和数据采样的特点。故在具有上千个节点的车载传感器网络中，每天产生的数据规模也是海量的。

7）可以应用全球定位系统（GPS）、数字地图等辅助设备

GPS 能够为节点提供精确的定位信息和精准的时钟信息，有利于车辆获取自身位置和进行时钟同步。GPS 和电子地图相结合，利用路径规划功能，将使无线车载传感器网络策略的实现变得更为简单。

3．车载传感器网络应用

车载传感器网络具有广阔的应用背景，这些应用包括交通和通信两个主要方面，交通方面主要是保证驾驶员行车安全和交通顺畅，而通信方面是满足城市或高速路通信需求提供服务支持，例如，紧急的事故信息、救援信息及普通的用户查询信息等。具体应用类型包括如下方面：

1）确保行车安全

随着有车一族的持续增加，城市交通网日渐复杂，交通安全一直是社会关注的焦点。车载节点可对路况信息及障碍物信息进行监测，可随时监测各处路况和拥堵情况，还可对于倒车、刹车或两车间的安全距离进行提醒，避免车祸。

2）城市环境监测

车辆方便了我们生活的同时，也带来了很大的环境问题。如今改善城市空气质量、减少汽车尾气排放量已成为热点问题。在车辆排气口加上对有害气体浓度检测的传感器，可有效对实施环境进行检测，并对车辆有害气体排放进行监督。

3）公共安全及场景重建

车载网络同样也可以支持如电子警察或紧急现场恢复等的公共服务功能。具体可表现为，在车辆遇到突发安全事故时，可自动报警，以保证司机及乘客的安全；网络节点及路边设施配备摄像头，便于提取有效信息，摄像头除记录违反交通规定的车辆外，还可对车祸现场进行还原重建，便于交警立案侦查。

4.3.2　车载传感器网络进展

在车载传感器网络中，信息是最为核心的内容，网络的各种功能都是以信息应用为中心展开的。车载信息采集技术是传感器技术、无线定位技术、计算机技术的汇聚，采集车辆的位置、速度、加速度、姿态等智能交通系统中需要的信息。信息采集系统使用传感器来获得车辆各部件运行信息，并利用多传感器信息融合技术获取比单一的传感器更精确、更可靠的信息。这些信息的有效采集是智能交通各个子系统能否有效运作的基础。

目前国内外尚缺成熟的完整意义上的车载信息系统产品，一般所说的车载信息产品主要是指车载定位与导航系统。车载导航与定位系统的雏形起始于 20 世纪 60～70 年代。早期的导航系统使用的是车辆里程表、环形检测器等。20 世纪 70 年代，位置推算系统、车载电子地图和地图匹配技术得到了一定的发展。这期间美国 Etak 公司开发出一种自主导航仪，这种系统利用航位推算模块 DR（Dead Reckoning）并借助地图匹配算法进行车辆定位。类似的系统在欧洲也已被研制出来，如 Philips 公司的"TIN"、英国的"Auto Guide"等。到了 80 年代末，随着全球定位系统 GPS 技术的发展与成熟，再加上巨大的市场潜

力和良好的发展前景，世界各国都进入了车载定位与导航这一研究领域，美国、日本和欧洲等国家都先后推出了自己的 GPS 车载定位导航系统。

1. 车载传感网络的相关政策

车载传感器网络是实现智能交通系统的基础支撑技术之一，具有重要应用前景。智能交通是"十二五"交通规划的重要组成部分，"十二五"交通规划提出：未来五年，实现对国家高速公路、国省干线公路、重要路段、大型桥梁、车辆区域、交通运输状况等的感知和监控。汽车移动物联网项目将被列为"十二五"重大专项第三专项的重要项目。《十二五规划》提出：研发和示范以物联网及云计算为代表的新型产业，大力发展轨道交通装备，智能交通作为其中的典型应用势必受到有力推动。基于车载传感器网络的应用是实现智能交通的关键环节之一。

交通信息服务与车载路径导航系统是现阶段我国 ITS 发展的重点之一，其关键技术为交通信息采集与处理技术、交通信息发布技术。对于 ITS 在我国的发展，其中有两件标志性的事件：一是在 1999 年，由科技部牵头，联合建设部、交通部、公安部等十多个相关部委，组织成立了全国智能交通系统（ITS）协调小组，为推动交通系统的智能化发展提供了组织机制保障；二是于 2000 年完成了中国 ITS 体系框架研究和标准规范的制定。且国家发展改革委在 2004 年把交通信息采集与处理技术、交通信息发布技术作为国家重大产业技术开发项目的关键技术。

2. 车载传感网的相关系统

目前车载传感器网络及其职能交通应用的系统主要有 CarTel、Maryland Traffic View、ITS 等。

CarTel 是麻省理工学院的一个分布式的移动传感器网络和远程信息处理的系统，如图 4-13 所示。基于此系统建立的应用能够收集、处理、传递、分析来自传感器的数据。在 CarTel 中，它的每个节点都相当于是一个嵌入式的计算机，连接着各种传感器，并且能够将收集到的数据进行处理，然后再将数据传递到互联网中去。CarTel 系统中包括了用于收集来自于车辆上的传感器信息数据的软件和硬件部分、基于移动车辆上的 WiFi 方式的网络传输（Cabernet）、间歇连通性的查询数据库（ICEDB）、用于基于位置服务的私有信息保护协议（VPriv）、智能交通拥塞缓解、路况监测。

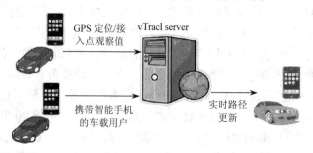

图 4-13　CarTel 远程通信系统

Traffic View 是 e-Road 项目的一部分，定义了一种用于传播和收集关于选定路段上车辆信息的框架。有了这种系统，就能够提供给驾驶员各个路段的车流量信息，为驾驶员提供最佳的行驶路径,并在一些特定环境下帮助驾驶员行驶,例如,在雨雾天等恶劣天气条件下辅助安全行车等。

美国交通部于 1996 年成立了 ITS(Intelligent Traffic System)标准计划,以鼓励智能交通技术在国家交通运输系统里的广泛适用。ITS 标准是国家智能交通体系框架中的一部分,它定义了系统中各部件之间的连接和交互。美国加州大学伯克利分校 ATMIS 项目,哈佛大学的 CitySense 项目都开展了车载传感器网络在道路交通监测方面的研究。英国也开展了车载传感器网络应用于智能交通的研究。欧洲开展的 TRIDENT 项目是通过建立一个通用的、可复用的机制来支持多模式的 ITS 服务,主要实现不同运输方式的交通运营者和信息服务商之间的数据共享和交换。新加坡的 I_Transport 项目的主要目标就是为陆路交通管理局的 ITS 中心提供一个针对所有交通操作的综合工作平台。

车载信息平台随着汽车行业的发展表现出越来越抢眼的地位,成为现代汽车行业发展的新潮流,具有极其广阔的发展空间。车载信息平台应用实例有日产汽车公司 Star Wings 项目,在 2007 年 10 月 25 日开幕的第五届北京国际环保节能汽车展上,日产汽车展示了其正在北京进行试验的交通信息系统"星翼(Star Wings)"。日产星翼的与众不同之处在于它不仅可以算出车辆到达目的地的最短路线,而且可以计算出到达目的地的最快路线。星翼与北京市交通信息中心(BTIC)合作,通过北京市约 10 000 辆出租车经由手机网络收集探测信息,按照探测到的实时交通信息和过去积累的统计信息,对交通信息进行补充,甚至可以推断出实时交通信息中无法收到的部分,因此能够搜索出更准确的最佳路线。

4.3.3　车载传感器网络关键技术

1. MAC 技术

媒体接入控制(MAC)协议,又称为信道接入协议,是用来决定多个节点如何共享有限的信道资源的机制,对于无线数据通信网络的性能有较大的影响。在无线传感器网络和移动自组网络(MANET)中,有许多不同的 MAC 协议,无线环境中的 MAC 层的接入方式主要有基于竞争的共享介质方式和基于调度的独享介质方式两大类。而车辆传感器网络的独特性又对它所适用的 MAC 协议提出了新的要求。在车辆传感器网络中,MAC 的设计可以分为两大类:一类的设计场景是车辆与车辆间的无线通信(V2V),另一类的设计场景是车辆与路侧基站的无线通信(V2I)。在车辆与车辆通信的场景里面,MAC 协议往往需要根据应用的需求来进行针对性的设计。

在现阶段,VANET 网络的 MAC 协议主要有基于载波监听多重访问/冲突避免(Carrier Sense Multiple Access with Collision Avoidance,CSMA/CA)协议和基于时分多址(Time Division Multiple Access,TDMA)的协议及混合模型几大类。其中采用的接入方式有以下几种:

(1)802.11DCF,目前自组织网络广泛采用该协议作为 MAC 协议,它是一种基于 CSMA/CA 的异步竞争 MAC 协议,其中加入 ACK 控制分组来进行链路层的确认。

(2)RR-ALOHA(Reliable Reservation ALOHA)协议,该协议采用一种新的随机接入方式,专门针对车载自组织网络的特点提出,它是一种基于时隙的同步预约式 MAC

协议，是在 R-ALOHA 的基础上得到的。

（3）令牌环（Token Ring），非竞争性的令牌环接入方式（如 WTRP 协议）可以应用在具有 GPS 系统的车辆间，通过该协议进行通信，可以有效避免信道冲突，提高信道利用率，满足车辆间安全告警类的通信时延要求。

2．路由技术

车载传感器网络的路由协议根据数据传输模式的不同可以分为单播、多播和广播三大类。在单播路由中，一个数据包只能直接发送到一个目的地；在多播路由中，数据包是发送给多个目的节点，不是直接发送到目的地；在广播路由中，数据包可以发送给所有的节点。不同的路由类型，适用于不同的应用场景。例如，在紧急事件广播中，需要把紧急的消息发送给所有节点，这时广播路由就非常有效。

在车载传感器网络中，车辆节点是高速移动的，这导致车辆网络不是持续连通的，而是不断地断开链路和寻求搭建新的链路。这就决定了无线传感器网络的路由协议不适用于车载传感器网络。延迟容忍网络（Delay Tolerant Network，DTN）是处理这种不连通网络的一种有效方法，所以车辆传感器网络可以从中借鉴一些关键技术来实现自身的正常运作。DTN 的核心是"存储—转发"策略，即是在没有下一跳可以转发的情况下将数据包储存起来，随着车辆节点进行移动，等到下一次转发机会出现的时候再将数据包转发出去，传给下一跳节点。

利用 DTN 的"存储—转发"策略，再根据车辆传感器网络的应用需求对路由算法做出改进，就可以编写出最适用的通信路由协议。

K.Fall 等学者于 2002 年在 ICIR 会议上提出了延迟容忍网络的架构，DTN 在之后就获得了业界各学者的广泛关注，它能很好地解决时延路径长，频繁的网络重新分割等问题。就像 Internet 是一个互连异构的常规子网的网络一样，DTN 是一个互连各种区域网络的网络，它是在各种网络（包括 Internet）上面的一个覆盖层。当前延迟容忍网络相关的研究组织主要有两个，一个是星级互联网（Interplanetary Networking，IPN）组织开发了用于大规模网络的架构和协议，它们中有很多吸收进了延迟容忍网络协议的最近几个版本中。互联网研究任务组（Internet Research Task Force）建立了 DTNRG 研究组，该研究组是目前延迟容忍网络最主要的研究组。DTNRG 目前开发了两个最主要的协议，就是包裹层协议、链路传输协议（LTP），并提交为 RFC 实验协议。

IRTF（Internet Research Task Force）提出了一个新的 DTN 结构体系标准：就是在它的应用层和本地协议之间插入一个新的覆盖层网络协议。在 DTN 的体系结构中，在应用层和传输层之间定义了一个端到端的面向信息的覆盖层称为束层（Bundle）。束层通过连接不同的协议栈，为整个网络体系提供一个通用的应用层网关以达到一个端到端的可靠数据传输服务。图 4-14 对传统的 Internet 体系架构和新型的 DTN 体系架构进行了对比。

在 DTN 体系结构中，束层协议是运行在各个不同种类的区域网络的底层协议之上的。这些区域网络是指：传统的 Internet、传感器网络、太空通信网、军事网络等。通过束层和各个底层协议的相互配合使用，使得应用层能越过多个区域进行通信，从而解决以往的区域网络之间不能通信的问题，如图 4-15 所示。

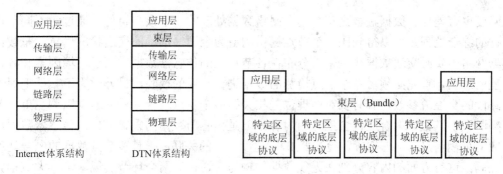

图 4-14　Internet 与 DTN 的体系架构对比　　　　　　　图 4-15　束层结构

3. 数据处理与融合技术

传感器网络中的数据处理与融合技术主要是指利用计算机技术对按时序获得的若干传感器的观测信息在一定准则下加以自动分析、综合以完成所需的决策和估计任务而进行的信息处理过程。

事件检测是无线传感器网络的重要应用之一。由于传感器节点性能不佳、易损坏，检测环境恶劣多变，无线通信链路易受干扰、不稳定等特点，传感器网络的事件检测精度极易受到外部影响。

数据处理与融合能充分利用多个传感器在空间或时间上的冗余或互补信息，依据某种准则来进行融合，以便在事件检测时获得一致性解释或描述，从而取长补短，精确地反映被测事件的特征，消除信息的不确定性，提高事件检测的准确率。因而数据处理与融合是解决传感器网络事件监测的关键问题。

多传感器信息融合是现代信息处理领域新近崛起的一个前沿性的研究方向，是针对一个系统中使用多个传感器这一问题而展开的一种信息处理方法。它通过对多类同构或异构传感器的冗余信息和互补信息进行综合（集成或融合），得到被观测对象更加精确的评估，以便对事物进行正确的判断和决策。

对于车载传感器网络而言，城市交通系统的动态信息来自多个传感器或多源信息。多源传感器信息融合是指利用多个传感器在空间或时间上的冗余或互补信息，依据某种准则来进行融合。通过多源传感器信息融合可获得被测对象的一致性解释或描述，从而取长补短，精确地反映被测对象的特征，消除信息的不确定性，提高系统的可靠性。多源信息融合可以用统计方法直接模拟观察数据的随机形式，更多的时候是依赖于观测参数与目标之间的映射关系来对目标进行识别。多传感器数据融合技术就是充分利用多个传感器的特性，把多个传感器检测到的数据进行分析和集成，提取对象的有效信息，以形成被测对象信息的全面和完整的描述。多传感器多源信息系统能完善地、精确地反映检测对象的特征，消除信息的不确定性，提高传感器的可靠性。

多传感器多源信息数据融合给城市道路交通信息提取处理提供了一种很好的方法，多源信息数据融合技术的最大优势在于它能结合节点地理信息合理协调多节点数据，充分综合有用信息，提高在多变环境中正确决策的能力。

交通数据主要包括动静态多种交通信息。运用不同的测量手段，如感应线圈、红外探测、微波检测、视频检测等获得的交通参数，尤其是实时的交通动态信息，种类不同、准确度也有差异。数据融合是整个车在网络数据处理的一个核心组件，通过对不同节点数据的综合处理，可以得到比单个节点提供的更为全面、准确的交通状况信息。车载传感器网络中实时交通数据往往来自分布在各节点上的传感器数据。由于环境因素和各种误差的影响，首先必须对各个节点检测的数据进行必要的校验，另外，为了整体把握一个路段的交通流参数，有必要对地理位置相关的多个节点联合分析处理，以避免单个节点判断失误。数据融合应包含三方面内容：一是传感器数据的采集；二是传感器数据与相应的车辆信息（地理位置、检测器 ID、速度等）的关联；三是多节点数据的融合处理与编码。这三方面的内容分别在无线数据传输与交通控制两个环节实现。可以大致划分如下 4 个步骤：

（1）"遍历"一次控制中心所管理的节点，以获取传感器监测数据，如车速、空气质量、交通密度及路况信息等。

（2）将获取的交通流参数与车辆信息后存储到控制中心的数据库中。

（3）对各路段检测器的数据进行必要的融合处理，形成具有明确物理意义的数据。

（4）与车载传感器网络地理信息关联，形成一个能完整反映交通网络状况的数据库。

在上述 4 步的基础上，进行无线数据传输的规范化编码与解码，以适合不同节点对数据的共享。这 4 个步骤是实现车载系统数据融合的整体框架，通过这 4 步处理后的交通数据已可以作为进一步开发各类车载传感器网络应用的规范化数据。

 习题

1. 无线传感器网络的特点和面临的主要挑战是什么？现有有线网络中的协议体系能否直接应用到无线传感器网络中？

2. IPv6 应用到传感器网络中有何优势？ 现有移动互联网到 IPv6 传感器网络的过渡融合技术有哪些？

3. 简述 6LowPan 协议体系结构，并解释在低功耗网络中运行 IPv6 协议的主要挑战和解决方案。

4. 简述 IPv6 应用工作组 CoRE 工作内容，并解释互联网上服务如何能直接对低功耗传感络进行资源读取、修改和删除操作。

5. 简述车载传感器网络的通信模式和应用场景。

第5章 短距离无线通信技术

学习重点

　　通过本章介绍的内容，读者应了解无线局域网的概念与特点，无线个人区域网的可用技术以及专门用途的短距离通信技术，重点学习无线局域网的基本概念及应用和常用的短距离无线通信技术。

物联网概念涵盖范围广泛，意味着更加广泛的互连，包括人、计算机和其他物体。正因为这种广泛的互连，将使物联网需要很多新的技术，也有很多个性和特点。这些都使得其在网络的组织、应用和市场模式等方面将与传统网络有很多不同之处。物联网将在现有网络基础上发展，广泛的互连伴随智能化的发展，将给社会和人们的生活带来革命性的变化。总之物联网将渗透各行各业和人们的生活，带来巨大的经济效益和社会效益。

各种无线技术的发展将是物联网发展最为关键的推动力，也是最为重要的组成部分。2009 无线技术世界暨物联网国际高峰会议正是着眼于此，立足中国，面向全球，以"无线技术推动物联网发展"为主题，在会议官方网站上邀请来自世界各国的权威参会嘉宾，现场则以分板块、多种形式，全面探讨无线电通信，特别是中短距离的无线通信技术的发展；伴随着以无线局域网（WLAN）、蓝牙（BlueTooth）、超宽频（UWB）、ZigBee、RFID这些短距离无线技术正日益走向成熟，应用步伐不断加快，各种无线通信技术在自动化控制和家庭信息化领域扮演越来越重要的角色，发挥越来越重要的作用；我国近期也通过一系列措施支持和鼓励中短距离无线通信、与无线传感技术相关技术的研发和产业化。

目前，物联网已经得到我国各级政府和行业主管部门的高度重视，相信在产业链各个实力企业的鼎力支持和推动下，物联网及相关无线技术的发展，必将成为我国信息网络化发展的最新趋势。实际上，物联网的实现除了底层的传感器技术、海量的IPv4/IPv6的 IP 地址资源、自动控制、智能嵌入等配套技术之外，实现真正的无所不在的、规模的物与物之间的连网，更为重要的就是（在传输层）实现统一协作规模成网络的通信协议基础，而这其中，各种无线通信技术特别是短距离无线通信技术，将起到特别关键的作用，以及基于这些无线技术相结合的有关传感网的融合应用，将是物联网产业链中，最为重要的组成部分。

5.1　无线局域网（WLAN）

5.1.1　WLAN 的概念

无线局域网（WLAN）即采用无限传输介质的局域网。其主要目的是弥补有线局域网存在的不足（某些环境和场合不适合布线或无法布线），提高网络的覆盖面。WLAN是利用无线通信技术在一定的局部范围内建立的网络，是计算机网络与无线通信技术相结合的产物，它以无线多址信道作为传输媒介，提供传统有线局域网 LAN（Local Area Network）的功能，能够使用户真正实现随时、随地、随意的宽带网络接入。

5.1.2　WLAN 的特点

WLAN 开始是作为有线局域网络延伸而存在的，各团体、企事业单位广泛采用了WLAN 技术来构建其办公网络。但随着应用的进一步发展，WLAN 正逐渐从传统意义上的局域网技术发展成为"公共无线局域网"，成为国际互联网宽带接入手段。WLAN 具有易安装、易扩展、易管理、易维护、高移动性、保密性强、抗干扰等特点。

5.1.3　WLAN 的标准

由于 WLAN 是基于计算机网络与无线通信技术，在计算机网络结构中，逻辑链路控制（LLC）层及其之上的应用层对不同物理层的要求可以是相同的，也可以是不同的，因此，WLAN 标准主要是针对物理层和媒质访问控制层（MAC），涉及所使用的无线频率范围、空中接口通信协议等技术规范与技术标准。

1. IEEE 802.11X

1）IEEE 802.11

1990 年 IEEE 802 标准化委员会成立 IEEE 802.11WLAN 标准工作组。IEEE 802.11，又称为 WiFi（Wireless Fidelity）无线保真，是在 1997 年 6 月由大量的局域网及计算机专家审定通过的标准，该标准定义物理层和媒体访问控制（MAC）规范。物理层定义了数据传输的信号特征和调制，定义了两个射频传输方法和一个红外线传输方法，射频传输标准是跳频扩频和直接序列扩频，工作在 2.4000～2.4835 GHz 频段。

IEEE 802.11 是 IEEE 最初制定的一个无线局域网标准，主要用于解决办公室局域网和校园网中用户与用户终端的无线接入，业务主要限于数据访问，速率最高只能达到 2 Mbit/s。由于它在速率和传输距离上都不能满足人们的需要，所以 IEEE 802.11 标准被 IEEE 802.11b 所取代了。

2）IEEE 802.11b

1999 年 9 月 IEEE 802.11b 被正式批准，该标准规定 WLAN 工作频段在 2.4～2.4835 GHz，数据传输速率达到 11Mbit/s，传输距离控制在 50～150 英尺。该标准是对 IEEE 802.11 的一个补充，采用补偿编码键控调制方式，采用点对点模式和基本模式两种模式，在数据传输速率方面可以根据实际情况在 11 Mbit/s、5.5 Mbit/s、2 Mbit/s、1 Mbit/s 的不同速率间自动切换，它改变了 WLAN 设计状况，扩大了 WLAN 的应用领域。

IEEE 802.11b 已成为当前主流的 WLAN 标准，被多数厂商所采用，所推出的产品广泛应用于办公室、家庭、宾馆、车站、机场等众多场合，但是由于许多 WLAN 新标准的出现，IEEE 802.11a 和 IEEE 802.11g 更是备受业界关注。

3）IEEE 802.11a

1999 年，IEEE 802.11a 标准制定完成，该标准规定了 WLAN 工作频段在 5.15～8.825 GHz，数据传输速率达到 54 Mbit/s/72 Mbit/s（Turbo），传输距离控制在 10～100 m。该标准也是 IEEE 802.11 的一个补充，扩充了标准的物理层，采用正交频分复用（OFDM）的独特扩频技术，采用 QFSK 调制方式，可提供 25 Mbit/s 的无线 ATM 接口和 10 Mbit/s 的以太网无线帧结构接口，支持多种业务，如话音、数据和图像等，一个扇区可以接入多个用户，每个用户可带多个用户终端。

IEEE 802.11a 标准是 IEEE 802.11b 的后续标准，其设计初衷是取代 802.11b 标准，然而，工作于 2.4 GHz 频带是不需要执照，该频段属于工业、教育、医疗等专用频段，是公开的，工作于 5.15～8.825 GHz 频带需要执照。一些公司仍没有表示对 802.11a 标准的支持，一些公司更加看好最新混合标准——802.11g。

4）IEEE 802.11g

目前，IEEE 推出最新版本 IEEE 802.11g 认证标准，该标准提出拥有 IEEE 802.11a 的传输速率，安全性比 IEEE 802.11b 好，采用 2 种调制方式，含 802.11a 中采用的 OFDM 与 IEEE 802.11b 中采用的 CCK，做到与 802.11a 和 802.11b 兼容。

虽然 802.11a 较适用于企业，但 WLAN 运营商为了兼顾现有 802.11b 设备投资，选用 802.11g 的可能性极大。

5）IEEE 802.11i

IEEE 802.11i 标准是结合 IEEE 802.1x 中的用户端口身份验证和设备验证，对 WLAN MAC 层进行修改与整合，定义了严格的加密格式和鉴权机制，以改善 WLAN 的安全性。IEEE 802.11i 新修订标准主要包括两项内容："WiFi 保护访问"（WiFi Protected Access：WPA）技术和"强健安全网络"（RSN）。WiFi 联盟计划采用 802.11i 标准作为 WPA 的第二个版本，并于 2004 年初开始实行。

IEEE 802.11i 标准在 WLAN 网络建设中是相当重要的，数据的安全性是 WLAN 设备制造商和 WLAN 网络运营商应该首先考虑的头等工作。

6）IEEE 802.11e/f/h

IEEE 802.11e 标准对 WLAN MAC 层协议提出改进，以支持多媒体传输，以支持所有 WLAN 无线广播接口的服务质量保证 QoS 机制。IEEE 802.11f，定义访问节点之间的通信，支持 IEEE 802.11 的接入点互操作协议（IAPP）。IEEE 802.11h 用于 802.11a 的频谱管理技术。

2. HIPERLAN

欧洲电信标准化协会（ETSI）的宽带无线电接入网络（BRAN）小组着手制定 Hiper（High Performance Radio）接入泛欧标准，已推出 HiperLAN1 和 HiperLAN2。HIPERLAN1 推出时，数据速率较低，没有被人们重视，在 2000 年，HIPERLAN2 标准制定完成，HIPERLAN2 标准的最高数据速率能达到 54 Mbit/s，HIPERLAN2 标准详细定义了 WLAN 的检测功能和转换信令，用以支持许多无线网络，支持动态频率选择、无线信元转换、链路自适应、多束天线和功率控制等。该标准在 WLAN 性能、安全性、服务质量 QoS 等方面也给出了一些定义。

HiperLAN1 对应 IEEE 802.11b，HiperLAN2 与 1EEE082.11a 具有相同的物理层，它们可以采用相同的部件，并且 HiperLAN2 强调与 3G 整合。HIPERLAN2 标准也是目前较完善的 WLAN 协议。

3. HomeRF

HomeRF 工作组是由美国家用射频委员会领导于 1997 年成立的，其主要工作任务是为家庭用户建立具有互操作性的话音和数据通信网，2001 年 8 月推出 HomeRF 2.0 版，集成了语音和数据传送技术，工作频段在 10 GHz，数据传输速率达到 10 Mbit/s，在 WLAN 的安全性方面主要考虑访问控制和加密技术。

HomeRF 是针对现有无线通信标准的综合和改进：当进行数据通信时，采用 IEEE 802.11 规范中的 TCP/IP 传输协议；进行语音通信时，则采用数字增强型无绳通信标准。除了 IEEE 802.11 委员会、欧洲电信标准化协会和美国家用射频委员会之外，无线局域网联盟 WLANA（Wireless LAN Association）在 WLAN 的技术支持和实施方面也做了大量工作。WLANA 是由无线局域网厂商建立的非营利性组织，由 3Com、Aironet、Cisco、Intersil、Lucent、Nokia、Symbol 和中兴通信等厂商组成，其主要工作验证不同厂商的同类产品的兼容性，并对 WLAN 产品的用户进行培训等。

4．中国 WLAN 规范

中华人民共和国国家信息产业部正在制订 WLAN 的行业配套标准，包括《公众无线局域网总体技术要求》和《公众无线局域网设备测试规范》。该标准涉及的技术体制包括 IEEE 802.11X 系列（IEEE 802.11、802.11a、IEEE 802.11b、IEEE 802.11g、IEEE 802.11h、IEEE 802.11i）和 HIPERLAN2。信息产业部通信计量中心承担了相关标准的制订工作，并联合设备制造商和国内运营商进行了大量的试验工作，同时，信息产业部通信计量中心和中兴通信股份有限公司等联合建成了 WLAN 的试验平台，对 WLAN 系统设备的各项性能指标、兼容性和安全可靠性等方面进行全方位的测评。

此外，由信息产业部科技公司批准成立的"中国宽带无线 IP 标准工作组（www.chinabwips.org）"在移动无线 IP 接入、IP 的移动性、移动 IP 的安全性、移动 IP 业务等方面进行标准化工作。2003 年 5 月，国家首批颁布了由"中国宽带无线 IP 标准工作组"负责起草的 WLAN 两项国家标准：《信息技术 系统间远程通信和信息交换 局域网和城域网特定要求 第 11 部分：无线局域网媒体访问（MAC）和物理（PHY）层规范》、《信息技术 系统间远程通信和信息交换 局域网和城域网特定要求 第 11 部分：无线局域网媒体访问（MAC）和物理（PHY）层规范：2.4GHz 频段较高速物理层扩展规范》。这两项国家标准所采用的依据是 ISO/IEC8802.11 和 ISO/IEC8802.11b，两项国家标准的发布，将规范 WLAN 产品在我国的应用。

5.1.4　WLAN 的网络结构

一般来说，WLAN 有两种网络类型：对等网络和基础结构网络。

1．对等网络

对等网络由一组有无线接口卡的计算机组成。这些计算机以相同的工作组名、ESSID 和密码等对等的方式相互直接连接，在 WLAN 的覆盖范围内，进行点对点与点对多点之间的通信。装有无线适配卡的 PC，放在有效距离内，组成对等网络。这类网络无须经过特殊组合或专人管理，任何两个移动式 PC 之间不需中央服务器就可以相互对通。其优点：配置简单，可实现点对多点连接；缺点是不能连接外部网络。对等 WLAN 适用于用户数较少的网络。如图 5-1 所示为对等网络结构。

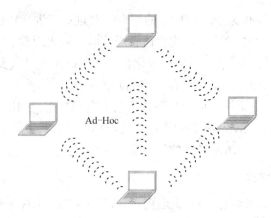

图 5-1　对等 WLAN 结构

2．基础结构网络

在基础结构网络中，具有无线接口卡的无线终端以无线接入点（AP）为中心，通过无线网桥（AB）、无线接入网关（AG）、无线接入控制器（AC）和无线接入服务器（AS）等将无线局域网与有线网络连接起来，可以组建多种复杂的无线局域网接入网络，实现无线移动办公的接入。基础结构 WLAN 是以 AP 为中心的网络，访问点是连接在有线网络上，每一个移动式 PC 都可经服务器与其他移动式 PC 实现网络的互连互通，每个访问点可容纳许多 PC，视其数据的传输实际要求而定，一个访问点容量可达 15～63 个 PC。如图 5-2 所示为基础结构 WLAN。

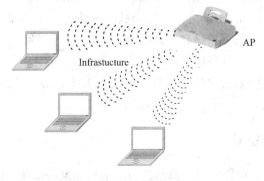

图 5-2　基础结构 WLAN

5.1.5　WLAN 的应用

作为有线网络无线延伸，WLAN 可以广泛应用在生活社区、游乐园、旅馆、机场车站等游玩区域实现旅游休闲上网；可以应用在政府办公大楼、校园、企事业等单位实现移动办公，方便开会及上课等；可以应用在医疗、金融证券等方面，实现医生在路途中对病人在网上的诊断，实现金融证券室外网上交易。

对于难于布线的环境，如老式建筑、沙漠区域等，对于频繁变化的环境，如各种展览大楼；对于临时需要的宽带接入、流动工作站等，建立 WLAN 是理想的选择。

1．销售行业的应用

对于大型超市来讲，商品的流通量非常大，接货的日常工作包括订单处理、送货单、入库等需要在不同地点的现场将数据录入数据库中。仓库的入库和出库管理，物品的搬动较多，数据在变化，目前，很多的做法是手工做好记录，然后再将数据录入到数据库中，这样费时而且易错，采用 WLAN，即可轻松解决上面两个问题，在超市的各个角落，在接货区、在发货区、货架、仓库中利用 WLAN，可以现场处理各种单据。

2．物流行业的应用

随着我国 WTO 的加入，各个港口、储存区对物流业务的数字化提出了较高的要求。一个物流公司一般都有一个网络处理中心，还有些办公地点分布在比较偏僻的地方，对于那些运输车辆、装卸装箱机组等的工作状况，物品统计等，需要及时将数据录入并传输到中心机房。部署 WLAN 是物流业的一项现代化必不可少的基础设施。

3．电力行业的应用

如何对遥远的变电站进行遥测、遥控、遥调，这是摆在电力系统的一个老问题。WLAN 能监测并记录变电站的运行情况，给中心监控机房提供实时的监测数据，也能够将中心机房的调控命令传入到各个变电站。这是 WLAN 在电力系统遍布到千家万户，但又无法完全用有线网络来检测与控制的一个潜在应用。

4．服务行业的应用

由于 PC 的移动终端化、小型化，一个旅客在进入一个酒店的大厅要及时处理邮件，这时酒店大堂的 Internet WLAN 接入是必不可少的；客房 Internet 无线上网服务也是需要的，尤其是星级比较高的酒店，客人可能在床上躺着上网，客人希望无线上网无处不在，由于 WLAN 的移动性、便捷性等特点，更是受到了一些大中型酒店的青睐。

在机场和车站是旅客候机候车的一段等待时光，这时打开笔记本电脑来上上网，何尝不是高兴的事儿，目前，在北美和欧洲的大部分机场和车站，都部署了 WLAN，在我国，也在逐步实施和建设中。

5．教育行业的应用

WLAN 可以让教师和学生对教与学的时时互动。学生可以在教室、宿舍、图书馆利用移动终端机向老师问问题、提交作业；老师可以时时给学生上辅导课。学生可以利用 WLAN 在校园的任何一个角落访问校园网。WLAN 可以成为一种多媒体教学的辅助手段。

6．中小型办公室/家庭办公的应用

WLAN 可以让人们在中小型办公室或者在家里任意的地方上网办公，收发邮件，随时随地可以连接上 Internet，上网资费与有线网络一样，有了 WLAN，我们的自由空间增大了。

7．企业办公楼之间办公的应用

对于一些中大型企业，有一个主办公楼，还有其他附属的办公楼，楼与楼之间、部

门与部门之间需要通信，如果搭建有线网络，需要支付昂贵的月租费和维护费，而 WLAN 不需要，也不需要综合布线，一样能够实现有限网络的功能。

5.2 无线个人区域网（WPAN）

5.2.1 WPAN 概述

无线个人区域网络（Wireless Personal Area Network，WPAN）是利用短距离、低功率无线传输技术，配合 Ad Hoc 网路架构连接居家环境中的资讯家电、办公室个人桌上型或笔记本电脑、个人 PDA、印表机等，除增进生活方便性改善办公环境外，也可提供医疗辅助及闲暇娱乐。WPAN 是一种采用无线连接的个人局域网。它被用在诸如电话、计算机、附属设备及小范围内的数字助理设备之间的通信。支持无线个人区域网的技术包括：蓝牙、ZigBee、（UWB）、IrDA、HomeRF 等，其中蓝牙技术在无线个人区域网中使用得最广泛。每一项技术只有被用于特定的用途、应用程序或领域才能发挥最佳的作用。WPAN 是为了实现活动半径小、业务类型丰富、面向特定群体、无线无缝的连接而提出的新兴无线通信网络技术。WPAN 能够有效地解决"最后的几米电缆"的问题，进而将无线联网进行到底。

WPAN 是一种与无线广域网（WWAN）、无线城域网（WMAN）、无线局域网（WLAN）并列但覆盖范围相对较小的无线网络。在网络构成上，WPAN 位于整个网络链的末端，用于实现同一地点终端与终端间的连接，如连接手机和蓝牙耳机等。WPAN 所覆盖的范围一般在 10 m 半径以内，必须运行于许可的无线频段。WPAN 设备具有价格便宜、体积小、易操作和功耗低等优点。

美国电子与电器工程师协会（IEEE）802.15 工作组是对无线个人局域网做出定义说明的机构。除了基于蓝牙技术的 802.15 之外，IEEE 还推荐了其他两个类型：低频率的 802.15.4（TG4，也称为 ZigBee）和高频率的 802.15.3（TG3，也称为超波段或 UWB）。TG4 ZigBee 针对低电压和低成本家庭控制方案提供 20 kbit/s 或 250 kbit/s 的数据传输速度，而 TG3 UWB 则支持用于多媒体的介于 20 Mbit/s 和 1 Gbit/s 之间的数据传输速度。

无线个人区域网大部分都工作在 2.4 GHz 频段上（HiperLAN2、UWB、IrDA 不工作在 2.4 GHz 频段上），这些技术都具有以下优势：

（1）支持移动联网，用户可以像使用移动电话那样灵活地移动计算设备的位置，保持持续的网络连接。

（2）不需要使用物理线路，安装非常简便。因为无线网络所使用的高频率无线电波可以穿透墙壁或玻璃窗，所以网络设备可以在有效范围内任意放置。

（3）多层安全防护措施可以充分确保用户隐私。

（4）改动网络结构或布局时，不需要对网络进行重新设置。

IEEE 802.11 只规定了开放式系统互连参考模型（OSI/RM）的物理层和 MAC 层，其 MAC 层利用载波监听多重访问/冲突避免（CSMA/CA）协议，而在物理层，802.11 定义了 3 种不同的物理介质：红外线、跳频扩谱方式（Frequency Hopping Spread Spectrum，FHSS）及直扩方式（Direct Spectrum Spread Spectrum，DSSS）。IEEE 802.11 支持较高的数据速率，但是它主要支持数据通信，为进行无线数据通信，数据设备先要安装有无线网卡。IEEE 802.11 标准使用的是 TCP/IP 协议，它适用于功率更大的网络，有效工作距离比蓝牙技术、HomeRF、IrDA 及超宽带（UWB）要长得多。图 5-3 为 WLAN 与 WPAN 的对比。

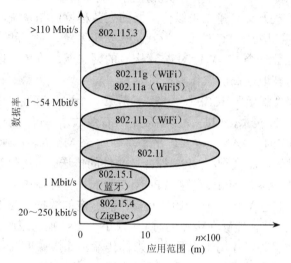

图 5-3　WLAN 与 WPAN 对比

　　IEEE 802.15 工作组是 IEEE 针对无线个人区域网（WPAN）而成立的，开发有关短距离范围的 WPAN 标准。如图 5-4 所示为 IEEE 802.15 协议体系结构。

逻辑链路控制（LLC）					
802.15.1 MAC	802.15.3 MAC		802.15.4 MAC		
802.15.1 2.4 GHz 1Mbit/s	802.15.3 2.4 GHz 11,22,33,44, 55 Mbit/s	802.15.3a 3.1～10.6 GHz >110 Mbit/s	802.15.4 868 MHz 20 kbit/s	802.15.4 915 MHz 40 kbit/s	802.15.4 2.4 GHz 250 kbit/s

图 5-4　IEEE 802.15 协议体系结构

- 802.15.1 是以已有蓝牙标准为基础，制定蓝牙无线通信规范的一个正式标准。
- 802.15.2 工作组的目的是要 802.11 和 802.15 开发共存的推荐规范。
- 802.15.3 工作组在开发对比于 802.11 设备是低成本和低功耗设备的标准上的。
- 802.15.3a 的目标是要在使用同样的 MAC 层上提供比 802.15.3 更高的数据率。
- 802.15.4 工作组则开发了一个低成本、低功耗的，比 802.15.1 数据率要低的设备标准。

　　WPAN 的 IEEE 802.15 标准，其中包括 802.15.4 低速 WPAN，802.15.3 高速 WPAN，802.153a 超高速 WPAN。

　　低速 WPAN（LR-WPAN）是按照 IEEE 802.15.4 标准，为近距离连网设计的。802.15.4 标准包括工业监控和组网、办公和家庭自动化与控制、库存管理、人机接口装置及无线传感器网络等。LR-WPAN 的出现完全是由于市场需要而应运而生的。现有无线解决方案成本仍然偏高，而有些应用无须 WLAN，甚至不需要"蓝牙"系统那样的功能特性。与 WLAN 和其他 WPAN 相比，LR-WPAN 结构简单、数据率较低、通信距离近、功耗低、成本低。LR-WPAN 适用于工业监测、办公和家庭自动化及农作物监测等。在工业应用方面，主要用于建立传感器网络、紧急状况监测、机器检测；在办公和家庭自动化方面，用于提供无线办公解决方案，建立类似传感器的疲劳程度监测系统，用无线替代有线连接 VCR（盒式磁带照相机）、PC 外设、游戏机、安全系统、照明和空调系统。在农作物监测方面，用于建立数千个 LR-WPAN 装置构成的网状网，收集土地信息和气象信息，农民利用这些信息可获取较高的农作物产量。

在 WPAN 方面，"蓝牙"（IEEE 802.15.1）是第一个取代有线，连接工作在个人环境下的各种电器的 WPAN 技术，但是，传输数据的有效数据率仅限于 500～700 kbit/s。按照 IEEE 802.15.3 建立的 WPAN，数据传输速率高达 55 Mbit/s。高速 WPAN 适合于大量的多媒体文件、短时间内流视频和 MP3 等音频文件的传送。传送一幅图片，高速 WPAN 只需 1 s，而"蓝牙"约需 1 min。高速 WPAN 在个人操作环境中，能在各种电器装置之间实现多媒体连接。高速 WPAN 传送距离短，目前界定的数据率为 55 Mbit/s。网络采用动态拓扑，使用便携式装置能够在极短的时间内（小于 1 s）加入或脱离网络。高速 WPAN 除用于数据和话音传输外，还用于视频或多媒体传输。如摄像机编码器同 TV/投影仪/个人存储装置间的高速传送，便携式装置之间的计算机图形交换等。IEEE 802.15.3 标准是专为在高速 WPAN 中使用的消费和便携式多媒体装置制定的。IEEE 于 2003 年 8 月 6 日正式批准了此项标准。该标准支持 11～55 Mbit/s 的数据率和基于高效的 TDMA 协议。物理层运行在 2.4GHz ISM 频段，可与其他 IEEE 802.11、802.15.1 和 802.15.4 标准兼容，而且能满足其他标准当前无法满足的应用需求。

在如今人们日常生活中，无线通信装置急剧增长，对更高数据率和更快内容传送的需求与日俱增，将把通信网络中各种信息传递推向更高数据率。IEEE 802.15.3 高速 WPAN 在将来不能满足这些应用需求。为此，IEEE 802.15.3a 工作组提出了更高数据率的物理层标准，用以替代高速 WPAN 的物理层，从而构成超高速 WPAN 或超宽带（UWB）WPAN。超高速 WPAN 可支持 110～480 Mbit/s 的数据率。IEEE 802.15.3a 超高速 WPAN 通信装置工作在 3.1～10.6 GHz 非特许频段，辐射功率低，有效全向辐射功率（EIRP）为 −41.3dBW/MHz。如此低的辐射功率可以保证其通信装置不会对特许业务和其他重要的无线通信产生严重干扰。而且，在超高速 WPAN 装置中使用的工作频段不同，其 EIRP 值各不相同。IEEE 802.15.3a 为超高速 WPAN 规定了 3 种数据率和传输距离，即 110 Mbit/s，10 m；200 Mbit/s，4 m；480 Mbit/s，尚未界定。无论哪种数据率和传输距离，IEEE 802.15.3a 都能使超高速 WPAN 包括图像和视频传输的多种应用。IEEE 802.15.3a 超高速 WPAN 拟实现的目标包括支持 IP 话音、HDTV（高清电视）、家庭影院、数字成像和位置感知等。其主要特性包括近距离的高数据率，较远距离的低数据率，低功耗，共享环境下的高容量及高可扩充性。

无线个人局域网（WPAN）在消费电子产品（包括汽车电子产品）领域取得了巨大成功。福特的 SYNC 系统是专为手机和数字媒体播放器配备的福特车载多媒体通信娱乐系统。它通过蓝牙技术将司机的手机连接到汽车的音响系统，因而司机可以在行驶中通过语音命令播放音乐或拨打电话。由于大规模生产降低了成本，802.11a/b/g 无线局域网技术已经被广泛使用。虽然 802.11a/b/g 最初不是针对车载环境而设计的，但由于其被广泛使用带来的优势，许多研究人员在车载环境中进行了实验，如对 802.11a /b/g 在车载环境中的应用进行了一系列实验。802.11p 和专用短程通信（DSRC）标准对 802.11 标准进行了扩充，以使其能够适应车载环境的无线通信。802.11p 技术使用 5.9 GHz 频段，能够在移动的车辆之间，以及移动车辆和路边基站之间建立短距离无线通信。

5.2.2　蓝牙

1998 年 5 月，就在 IEEE 成立 WPAN（无线个人局域网）研究小组不久，5 家世界著名的 IT 公司——Ericsson、IBM、Intel、Nokia 和 Toshiba 联合宣布了一项称为"蓝牙"（Bluetooth）的计划，旨在设计通用的无线电接口（Radio Air Interface）及其控制软件的国际标准，使通信和计算机进一步结合，让不同厂家生产的便携式设备具有在没有电线或电缆相互连接的情况下，能在近距离范围内互通的能力。这一计划一经公布，就得到了包括 Motorola、Lucent、Compaq、3Com、TDK 及 Microsoft 等大公司在内的近 2000 家厂商的广泛支持和采纳。

蓝牙技术从应用的角度来讲，与目前广泛应用于微波通信中的一点多址技术十分相似，因此，它很容易穿透障碍物实现全方位的数据传输。

早在蓝牙标准制定的前一年，IEEE 的有关工作组就已经开始 WPAN 的准备工作。起初，IEEE 执行委员会认为由于这是局域网内部的无线通信技术，所以就将此任务交给了对 WLAN 有着突出贡献的 802.11 工作组，当时主要的工作就是实现无线局域网和无线个人局域网的无缝隙连接。经过一年的努力工作，小组成员的结论是，现有的 IEEE 802.11 中有关支持 3 种物理媒介层的 MAC 中规定的基础结构并不适用于 WPAN。因此，1999 年 3 月，原由 802.11 领导的 WPAN 小组单独成立 IEEE 802.15 工作组。其主要目的是：在个人工作空间（Personal Operating Space，POS）内建立无线通信的国际标准，实现和 802.11 协议族的融合。同时考虑经济和技术方面的可实现性。

1999 年 7 月，802.15 工作组在蒙特利尔召开了第一次正式会议。在这次会议上，蓝牙特别利益小组（SIG）明确提出希望参与 WPAN 标准的制定工作。由于很多 IEEE 802.15 成员也是 SIG 的成员，因此很快就达成一致协议，并提出当前二者共同关心的问题：如何解决两种规范下产品的兼容性问题；如何找到一种可靠的测试手段来验证二者的兼容性作为合作的基点。

802.15 工作组于 1999 年秋天开始起草一项以蓝牙 1.0 版本为基础的标准，2000 年 11 月提交到 IEEE 标准委员会讨论。之所以如此迅速，主要是 IEEE 802.11 工作组在制定 WLAN 标准时过于滞后于市场，继而造成了 WLAN 标准重蹈"ATM"的覆辙。虽然 IEEE 802.11 是国际公认的技术标准，但市场份额并不大，因此蓝牙才决定使用无线局域网使用的 2.4GHz 波段（由于频率的冲突，很可能造成现有无线局域网性能的下降）。蓝牙的支持者甚至大胆地预测，随着蓝牙技术的不断发展，采用 IEEE 802.11 标准的无线局域网将不复存在，从而双方的频段之争将迎刃而解。

为了使蓝牙技术能够在全球都能适用，所以采用 2.4GHz 的公用频段，并采用跳频式展频技术（FHSS），跳频为 1 600 次/s。Bluetooth 组件设计的传输功率为 1 mW 或者

100 mW，调变技术采用 GFSK 调变。传输速率定为 1 Mbit/s，实际数据有效速率最高可达 721 kbit/s，传输距离约为 10 m。语音传输采用 VSD（Continuous Variable Slope Delta-Modulation）技术。通信协议则是采用分时多任务（TDMA）协议技术。

蓝牙协议体系结构如图 5-5 所示，其中蓝牙协议体系中的协议按 SIG 的关注程度分为以下 4 层：

- 核心协议。BaseBand、LMP、L2CAP、SDP。
- 电缆替代协议。RFCOMM。
- 电话传送控制协议。TCS-Binary、AT 命令集。
- 选用协议。PPP、UDP/TCP/IP、OBEX、WAP、vCard、vCal、IrMC、WAE。

除上述的协议层外，规范还定义了主机控制器接口（HCI），它为基带控制器、连接管理器、硬件状态和控制寄存器提供命令接口。在图 5-5 中，HCI 位于 L2CAP 的下层，但 HCI 也可位于 L2CAP 上层。

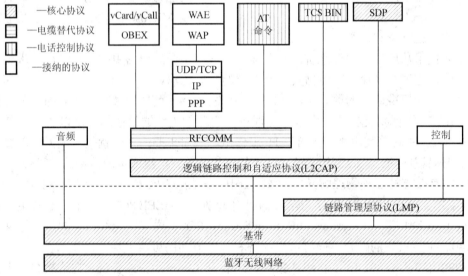

注：AT—注意序列（Modem 前缀）；TCS BIN—二进制电话控制规范；IP—网际协议；
UDP—用户数据报协议；OBEX—对象交换协议；vCal—虚拟日历；PPP—点到
点协议；vCard—虚拟卡；RFCOMM—无线电频率通信；WAP—无线应用协议
SDP—服务发现协议；WAE—无线应用环境；TCP—传输控制协议

图 5-5　蓝牙协议体系结构

蓝牙核心协议由 SIG 制定的蓝牙专用协议组成。绝大部分蓝牙设备都需要核心协议（加上无线部分），而其他协议则根据应用的需要而定。总之，电缆替代协议、电话控制协议和被采用的协议在核心协议基础上构成了面向应用的协议。

蓝牙使用 TDM 方式和扩频跳频 FHSS 技术组成不用基站的皮可网（Piconet），Piconet 直译就是"微微网"，表示这种无线网络的覆盖面积非常小。每一个皮可网由一个主设备（Master）和最多 7 个从设备（Slave）的蓝牙装置来组成。图 5-6 为皮可网的主从关系。主设备掌管此皮可网通信协议的运作；当然主设备也可以是其他皮可网的从设备，从设备也可以是其他皮可网的主设备。通过共享主设备或从设备，可以把多个皮可网连接起来，形成一个范围更大的扩散网（Scatternet）。这种主从工作方式的个人区域网实现起来价格会比较便宜。

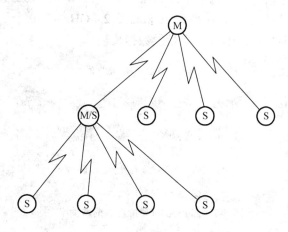

图 5-6　皮可网的主从关系

5.2.3　ZigBee

　　ZigBee 是一种新兴的短距离、低复杂度、低功耗、低数据速率、低成本的无线网络技术。主要用于近距离无线连接。它依据 IEEE 802.15.4 标准，在数千个微小的传感器之间相互协调实现通信。802.15.4 强调的就是省电、简单、成本又低的规格。802.15.4 的物理层（PHY）采用直接序列展频（Direct Sequence Spread Spectrum，DSSS）技术，以化整为零方式，将一个信号分为多个信号，再经由编码方式传送信号避免干扰。在媒体存取控制（MAC）层方面，主要是沿用 WLAN 中 802.11 系列标准的 CSMA/CA 方式，以提高系统兼容性，所谓的 CSMA/CA 是在传输之前，会先检查信道是否有数据传输，若信道无数据传输，则开始进行数据传输动作，若有产生碰撞，则稍后重新再传。可使用的频段有 3 个，分别是 2.4 GHz 的 ISM 频段、欧洲的 868 MHz 频段及美国的 915 MHz 频段，而不同频段可使用的信道分别是 16、1、10 个。ZigBee 联盟预测的主要应用领域包括工业控制、消费性电子设备、汽车自动化、家庭和楼宇自动化、医用设备控制等。

　　ZigBee 标准的主要制定组织是 IEEE 和 ZigBee 联盟，前者工作重点在协议底层（IEEE 802.15.4），后者在于高层。ZigBee 标准于 2004 年开始推出，后来又发布了 ZigBee 2006、ZigBee 2007 两个版本。

　　ZigBee 技术具有以下特点：

　　（1）近距离（<100 m）和低速率（<250 kbit/s）。

　　（2）极低功耗，电池供电可以维持数年甚至 20 年。

　　（3）多种拓扑结构。

　　（4）支持不同的网络规模（最大可达 6 万节点）。

　　（5）高层节点数可达 1 000 以上（2007 版）。

　　（6）自组织网络支持节点的灵活加入和退出。

　　由于具备这些特点，所以它特别适合无线传感网的应用。

　　ZigBee 的工作频段有 3 个，分别是 868 MHz、915 MHz 和 2.4 GHz。868 MHz 频段

主要用于欧洲，有一个信道，传输速率为 20 kbit/s；915 MHz（902~928 MHz）频段用于美国，有 10 个信道，每信道传输速率为 40 kbit/s；2.4 GHz 有 40 个信道，每信道传输速率可达 250 bit/s。图 5-7 为 ZigBee 的频带及数据传输率。

频带		使用范围	数据传输率	信道数
2.4 GHz	ISM	全世界	250 kbit/s	16
868 MHz		欧洲	20 kbit/s	1
915 MHz	ISM	北美	40 kbit/s	10

图 5-7　ZigBee 的频带及数据传输率

ZigBee 的网络拓扑结构可以是星形、网状形或混合结构，如图 5-8 所示。

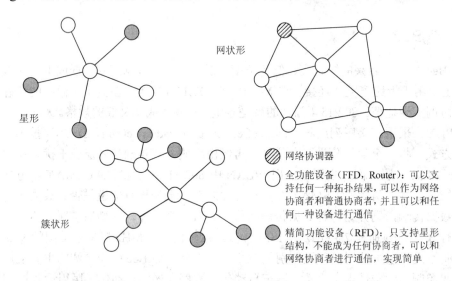

图 5-8　ZigBee 网络拓扑结构

　　ZigBee 的网络拓扑结构中 ZigBee 的节点有两种，一种是全功能节点（FFD 节点），另一种是限制功能节点（RFD 节点）。RFD 结构比较简单，但只能与 FFD 通信，用于终端节点；FFD 则可以用于终端节点和中继节点。

　　每个 ZigBee 网络需要有一个协调节点，必须由 FFD 承担。

　　ZigBee 可以广泛用于各种传感网和监控系统，近几年来发展十分迅速。已经生产的芯片主要是集成无线收发器和用于协议栈和应用处理的微处理器的片上系统（SoC）。芯片成本较低。

　　ZigBee 的一个有力竞争对手是 Z-Wave，由丹麦 Zensys 公司开发，后来成立 Z-Wave 联盟，2007 年以后，该联盟得到 Microsoft、Cisco 等通信和计算机大公司的支持。和 ZigBee 不同，Z-Wave 从开发开始就紧盯着家庭自动化的应用，从技术的角度来看，它没有特别的优势，其工作速率低于 ZigBee，组网方式和网络规模也不如 ZigBee，但由于其针对性强，协议更加简单，便于实现，成本有望更低、更易于普及，所以近年来，Z-Wave 在家庭自动化方面得到广泛的应用。笔者在美国市场上就看到多款基于 Z-Wave 家庭电气控制产品，但没有见到基于 ZigBee 的类似产品。

5.2.4　IrDA、Home RF 与 UWB

1. IrDA

红外线数据标准协会 IrDA（Infrared Data Association）成立于 1993 年，是非营利性组织，致力于建立无线传播连接的国际标准，目前在全球拥有 160 个会员，参与的厂商包括计算机及通信硬件、软件及电信公司等。

简单地讲，IrDA 是一种利用红外线进行点对点通信的技术，其相应的软件和硬件技术都已比较成熟。它在技术上的主要优点如下：

无须专门申请特定频率的使用执照，这一点，在当前频率资源匮乏，频道使用费用增加的背景下是非常重要的。

具有移动通信设备所必需的体积小、功率低的特点。HP 公司目前已推出结合模块应用的约从 $2.5 \times 8.0 \times 2.9 \text{ mm}^3$ 到 $5.3 \times 13.0 \times 8.8 \text{ mm}^3$ 的专用器件；与同类技术相比，耗电量也是最低的。

传输速率在适合于家庭和办公室使用的微微网（Piconet）中是最高的，由于采用点到点的连接，数据传输所受到的干扰较少，速率可达 16 Mbit/s。

除了在技术上有自己的技术特点外，IrDA 的市场优势也是十分明显的。目前，全世界有 5 000 万台设备采用 IrDA 技术，并且仍然每年以 50%的速度增长。有 95%的笔记本电脑安装了 IrDA 接口。在成本上，红外线 LED 及接收器等组件远较一般 RF 组件来得便宜，IrDA 端口的成本在 5 美元以内；如果对速度要求不高甚至可以低到 1.5 美元以内，相当于目前蓝牙产品的十分之一。

面对其他技术的挑战，IrDA 并没有停滞不前。除了传输速率由原来的 FIR（Fast Infrared）的 4 Mbit/s 提高到最新 VFIR 的 16 Mbit/s 标准；接收角度也由传统的 30°扩展到 120°。这样，在台式计算机上采用低功耗、小体积、移动余度较大的含有 IrDA 接口的键盘、鼠标就有了基本的技术保障。同时，由于 Internet 的迅猛发展和图形文件逐渐增多，IrDA 的高速率传输优势在扫描仪和数码相机等图形处理设备中更可大显身手。

但是，IrDA 也的确有其不尽如人意的地方。首先，IrDA 是一种视距传输技术，也就是说两个具有 IrDA 端口的设备之间如果传输数据，中间就不能有阻挡物，这在两个设备之间是容易实现的，但在多个电子设备间就必须彼此调整位置和角度等。这也是 Bluetooth 和 HomeRF 未来打败 IrDA 技术的超级法宝。其次，IrDA 设备中的核心部件——红外线 LED 不是一种十分耐用的器件，对于不经常使用的扫描仪、数码相机等设备虽然游刃有余，但如果经常用装配 IrDA 端口的手机上网，可能很快就不堪重负了。

2. HomeRF

HomeRF 工作组成立于 1997 年，是由美国国家用射频委员会领导的。它成立的技术与商业动机和其他几项技术十分相似，其宗旨是在消费者能够承受的前提下，建设家庭语音、数据内连网。HomeRF 把共享无线连接协议（SWAP）作为未来家庭内连网的几项技术指标，使用 IEEE 802.11 无线以太网作为数据传输标准，通信频段也是 2.4 GHz，HomeRF 工作组像当初人们构造 ATM 一样，提出了一整套应用于家庭连网的完整体系，包括外围设备和家庭主机之间的连接、外围设备之间的连接、主机和 HomeRF 中央控制的连接、接入网、PSTN 等。2000 年 8 月 31 日美国联邦通信委员会批准了 Intel、Microsoft、Motorola 和 Proxim 等 HomeRF 组织成员的要求，允许 HomeRF 的传输速率在原来的 2 Mbit/s 的基础上提高四倍，达到 8～11 Mbit/s 传送速率；而且和蓝牙一样，HomeRF 可以实现多个（最多 5 个）设备之间的互连。但 FCC 的这一决定，招致了来自包括内部成员和蓝牙组织成员的反对，主要理由是频率冲突、功耗较大。同时，HomeRF 工作组的一些成员提出将原来的发射带宽由 1 MHz 提高到 5 MHz，这样速率能够提高得更多，但反对者认为，信息本来在狭窄的信号通道里跳动，现在如果将狭窄的通道加宽，就会像一辆卡车在几条车道上横冲直撞，从而造成 SWAP 设备之间的互相干扰。因此，很多业界人士对这一技术并不表示乐观。

3．Ultra-wideband（UWB）

UWB（超宽带无线通信技术）的主要应用是短距离的宽带传输。UWB 的概念出现得很早，过去主要用于军事通信，2002 年，美国联邦通信委员会批准作为个域网技术开放使用，从那以后，在民用领域得到很快的发展。根据美国 FCC 的要求，用于无线个域网的 UWB 技术应当具有以下特性：

（1）使用 FCC 开放的 3.1~10.6 GHz 频段。

（2）功率密度低于−41.3 dbm/MHz。

（3）传输速率为 10 m 距离上 110 Mbit/s；4 m 距离上 200 Mbit/s；1 m 距离上 480 Mbit/s。

（4）同一空间支持 4 个微微网同时工作。

由于占用极宽的带宽和非常低的功率密度，UWB 具有以下可贵的特性：

（1）占用频带极宽，达 4~7.5 GHz，而移动通信不过几百 kHz~几十 MHz。

（2）传输速率高，有望达到千兆 bit/s 的速率。

（3）空间容量大，可达 1 Mbit/s/m^2，相比之下，802.11b 仅为 1 kbit/s/m^2；蓝牙仅为 30 kbit/s/m^2。

- 穿透能力强，极宽的带宽有助于微波信号的穿透。
- 抗干扰性能好，因为信号的频谱类似白噪声，对其他类型的无线通信来说，容易滤除，又由于有极宽的带宽，也不易受其他信号的干扰。

当前 UWB 技术主要分两大阵营，即 DS-UWB 和 MB-OFDM。

DS-UWB 方案使用的是脉冲无线电技术，提交给 IEEE 802.15 工作组的是一些掌握大量脉冲无线电专利的小公司。这是一种无载波技术，发送的是极窄的脉冲信号。由于没有载波，不需要调制解调，所以实现简单，平均功率低，成本也相对较低。

MB-OFDM 方案则是用多波段 OFDM 复用实现数据的传输，其频谱特性也符合对 UWB 的要求。提交这一方案的是一些大的通信和计算机公司，如 IBM、微软、惠普、诺基亚、索尼等。

两种方案各有千秋，DS-UWB 商用较早，但 MB-OFDM 有后来居上之势。特别是 MB-OFDM 已经被 USB 联盟采纳，作为无线 USB 底层的传输手段，使其前景更加光明。

5.3　专用短程通信技术（DSRC）

5.3.1　DSRC 概述

DSRC 即 Dedicated Short Range Communications（专用短程通信技术）是一种高效的无线通信技术，它可以实现在特定小区域内（通常为数十米）对高速运动下的移动目标的识别和双向通信，例如车辆的"车—路"、"车—车"双向通信，实时传输图像、语音和数据信息，将车辆和道路有机连接。DSRC 设备的研发是智能交通系统（ITS）研究中的一个重要课题，广泛地应用在不停车收费、出入控制、车队管理、信息服务等领域，并在区域分割功能即小区域内车辆识别、驾驶员识别、路网与车辆之间信息交互等方面具备得天独厚的优势。随着 ITS 技术的发展，车内通信可利用蓝牙、超宽频等技术；而车外通信则可利用蜂窝系统 2G、2.5G、3G、3.5G 技术，GPS 和 WiMAX 等；对于车路通信可利用微波（Microwave）、红外线（Infrared）、无线电专用短程通信技术（DSRC）及 WiFi 等。车间通信则主要利用 Microwave、Infrared、DSRC 等。图 5-9 为 ITS 各类型通信及手段的示意图。

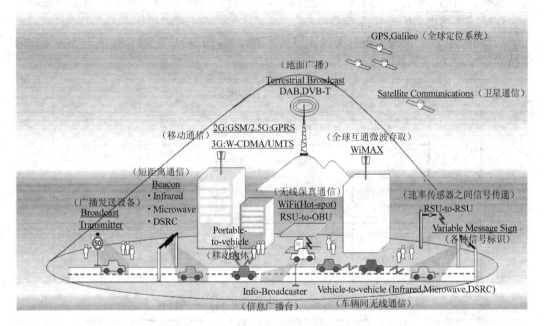

图 5-9　智能交通系统各类型通信及手段

当前车载通信面临的主要问题有：① 由于车辆高速行驶，车辆之间的通信机制研究成了限制 ITS 发展的瓶颈。② 车载通信现阶段的研究势头在国内外日趋白热化，形成以政府、研究机构、汽车企业等为中心的三大阵营。③ 车载通信技术现有 DSRC 技术、FM、蜂窝网络、WiMax 技术和 WiFi 技术等，面临多种选择，还无法形成统一的标准。

DSRC 的典型应用有：公共安全，包括前方障碍物检测和避让、碰撞警告、转弯速度控制、减少交通事故、减少地面交通网络的压力、减少拥塞。智能交通管理，包括高速公路上的车队管理、紧急车辆管理、安全超车等。在地面交通上，如果有紧急车辆，应通过紧急车辆管理，给紧急车辆开辟绿色通道。电子收费系统和智能停车场收费系统及娱乐下载。

5.3.2 DSRC 优势

DSRC 是国际上专门开发适用于车载通信的技术，适用于智能交通领域车车之间、车路之间的通信。它可以实现小范围内图像、语音和数据的实时、准确和可靠的双向传输，将车辆和道路有机连接。DSRC 技术能为车车之间、路车之间以及智能交通系统提供高速的无线通信服务，数据传输速率高，传输延时短。DSRC 能支持车辆的公共安全和不停车收费系统，能提供高速的数据传输，并保证通信链路的低延时和低干扰，保证系统的可靠性。对于车路通信（V2R）应用模式下至少有一方是维持不动的，例如，自动电子收费、自动取得前方交通路况、停车场信息、定点影音信息上传及下载等。而在车车通信（V2V）应用模式时就是属于多动点之间的双向传输，主要应用于车辆安全防撞信息的交换，其安全与实时性的需求均高。车路通信与车车通信其实是同一技术的两种不同应用模式，通信距离大约介于数百米至 1 千米左右的范围，依据不同的实体介质可细分为：微波（Microwave）、红外线（Infrared）、无线电（Radio Frequency，如 DSRC）等；这些介质的主要差异在于介质穿透能力及资料传输速率高低，而相对移动速度对于通信性能的影响也会因介质而异。

图 5-10 为 V2R 模式下各种无线通信技术的比较。图 5-11 为 V2V 模式下各种无线通信技术的比较。

通信模式		覆盖范围	传输速率	工作模式	主要应用	安全需求	移动能力	实时特性
车路 （V2R）	微波	10～50 m	数十至数百 kbit/s	双向交换	自动电子收费	高	中	中
	红外线	10～50 m（视距）	数十至数百 kbit/s	双向交换	自动电子收费	高	中	中
	WiFi	WLAN: 10～100 m	802.11a：54 Mbit/s 802.11b：11 Mbit/s 802.11g：54 Mbit/s	单向广播 双向交换	定点式短距资料传输	低	中	中
	DSRC	WLAN: 300～1 000 m	移动： 3～27 Mbit/s	单向广播 双向交换	动态／定点式短距信息传输	中	高	高

图 5-10　V2R 模式下各种无线通信技术的比较

通信模式		覆盖范围	传输速率	工作模式	主要应用	安全需求	移动能力	实时特性
车车 （V2V）	微波	10～50 m	数十至数百 kbit/s	双向交换	移动下短距信息传输	中	中	中
	红外线	10～50 m（视距）	数十至数百 kbit/s	双向交换	移动下短距信息传输	中	中	中
	DSRC	WLAN: 300～1000 m	移动： 3～27 Mbit/s	双向交换	移动下 短距信息传输	中	高	高

图 5-11　V2V 模式下各种无线通信技术的比较

　　DSRC 技术应用于车车通信的环境，其优势和其他无线通信技术如（WiFi、蜂窝系统、WiMax）的比较如表 5-1 所示。DSRC 在性能上优于 WiFi、蜂窝网络等无线通信技术，跟 WiMax 技术相比，在性能上不相上下，但是在实现的复杂度和成本上，DSRC 远远比 WiMax 具有优势。

表 5-1　DSRC 与其他无线通信技术的比较

比较项	DSRC	WiFi	Cellular	WiMax
延时	<50 ms	Seconds	Seconds	/
移动性	>60 m/h	<5 m/h	>60 m/h	>60 m/h
通信距离	<1 000 m	<100 m	<10 km	<15 km
数据传输率	3～27 Mbit/s	6～54 Mbit/s	<2 Mbit/s	1～32 Mbit/s
通信带宽	10 MHz	20 MHz	<3 MHz	<10 MHz
通信频段	5.86～5.925 GHz	2.4 GHz，5.2 GHz	800 MHz，1.9 GHz	2.5 GHz
IEEE 标准	802.11p（WAVE）	802.11a	N/A	802.16e

　　802.11p 是 IEEE 在 2003 年以 802.11a 为基础所制定的，又称为 WAVE（Wireless Access in the Vehicular Environment），将会被用在 DSRC 系统中，其优点为：可用于高速移动、美国运输部以该标准建置基础建设。

5.3.3　DSRC/WAVE 标准

　　美国 DSRC/WAVE 的标准架构分为两部分，一部分是专门用在非 IP 协议体系下的 IEEE 1609.3/WAVE 短消息协议，其适用范围在于主动式安全的传输与一些交通信息的传递，另一个则是 IPv6 的协议，主要是应用在一些车上娱乐、车群网路、商家信息等，聚焦在与行车安全或道路交通信息较无关的应用。

　　DSRC 技术用于智能交通，有政府分配的专用频段（如美国联邦通信委员会 5.850～5.925 GHz），如图 5-12 所示。用于 DSRC 技术的频率资源共有 75 MHz，划分成 7 个信道。这 7 个子信道主要是由 1 个控制信道和 6 个服务信道所组成的。中间的信道用于控制信道，发送广播消息或者控制信令；第 1 个信道分别用于碰撞避免、车间通信等；最后 1 个信道用于长距离、大功率的通信；剩下的 4 个信道都是服务信道。

图 5-12　美国联邦通信委员会规定 DSRC/WAVE 信道分配

　　IEEE 1609 的发行者为美国电机电子工程师学会车辆技术学会的智能运输系统委员会美国运输部（Department of Transportation，DOT）的 ITS（Intelligent Transportation System）计划。DOT 提出 ITS 计划的主要目的是要利用科技来提升运输系统的效率、安全性与便利性，让公众可以更便捷地使用、节省时间，进而提高生产力。

WAVE 是 IF（Intelligent Infrastructure）后台系统与 IV（Intelligent Vehicles）的连接，IF 的信息通过 WAVE 与 IV 进行连接，两者之间互相交换信息；IV 与 IV 之间也可以通过 WAVE 互相沟通。WAVE 是 IF 与 IV 之间的接口，同时又是 IV 与 IV 两者沟通的方式与内容，因此必须要有一套标准，而这一套标准就是 IEEE 1609，如图 5-13 所示。

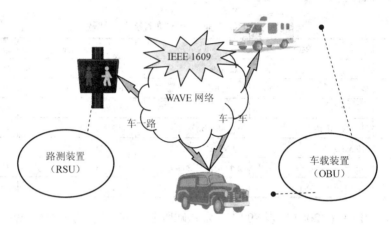

图 5-13　WAVE 系统与 IEEE 1609 标准

一个 WAVE 网络系统应包含以下部分：

（1）路侧装置（Roadside unit，RSU）。路侧装置安装在每个行车灯号与高速道路的交流道，这个装在路旁的装置会与通过的车辆交换来自道路交通安全与管理单位的信息。

（2）车载装置（Onboard unit，OBU）。车载装置则配备在行驶的车辆上，回报车辆的状况与接收路侧单元交付的数据，并与其他的车载装置互相沟通。

制定 IEEE 1609 这一个标准的主要目的是提供一个可以将车辆中的主要系统，如引擎、传动系统、煞车、悬吊系统等行车信息与道路的基础架构两者之间互相沟通。IEEE 1609 使用 5.9 GHz 的频段，并使用 IEEE 802.11 系列的无线局域网络通信标准 802.11p 作为底层的通信技术，同时采用 IPv6 作为上层的通信协议。802.11p 的标准是以 IEEE 802.11a 的物理层与媒体访问控制层为基础所制定而成的。

IETF 互联网工程工作小组，负责互联网标准的制定，整个 WAVE 的架构图 5-14 所示。

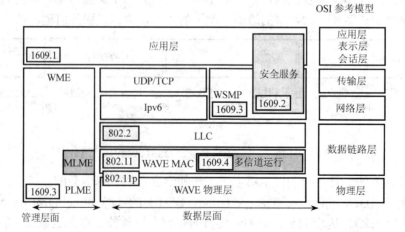

图 5-14　WAVE 协议栈架构

（1）逻辑链路控制（Logical Link Control，LLC）。IEEE 802.2 中定义了逻辑链路控制协议，用户的数据链路服务通过 LLC 子层为网络层提供统一的接口。

（2）媒体访问控制（Medium Access Control，MAC）。它提供寻址及媒体存取的控制方式，使得不同设备或网络上的节点可以在多点的网络上通信，而不会互相冲突。

（3）物理层（Physical Layer，PHY）。定义网络传输所需要的传输媒介，提供电子的、功能的和规范的特性。

（4）WAVE 管理实体（WAVE Management Entity，WME）。

• 媒体访问控制的管理实体（MAC Layer Management Entity，MLME）。

• 物理层的管理实体（Physical Layer Management Entity，PLME）。

（5）WAVE 短消息通信协议（WAVE Short Message Protocol，WSMP）。

（6）MAC 子层管理实体（MAC Sublayer Management Entity，MLME）。

（7）物理层子层管理实体（Physical Sublayer Management Entity，PLME）。

DSRC/WAVE IEEE 1609.1 即"汽车环境中无线存取（WAVE）试用标准——资源管理"，其中规定了多个远程应用和资源管理间的控制互换流程；这个标准制定一个用于 DSRC 应用与 WAVE 环境中的无线存取方式，允许远程应用程序与车载装置或路侧装置之间的通信，WAVE 的资源管理扮演一个应用层的角色，其通信的目的是引导信息交换。

DSRC/WAVE IEEE 1609.2 即"汽车环境中无线存取（WAVE）试用标准——应用和管理信息的安全服务"，其中包括了 WAVE 信息安全抵制窃听、电子欺诈和其他袭击的方法 DSRC/WAVE 主要目的在发展与定义安全信息格式、处理 DSRC 与 WAVE 系统内部中的安全信息，同时也讨论：① WAVE 管理信息与应用程序信息的加密方法；② 车辆引起的安全信息例外处理；③ 支持核心安全功能的必要管理功能。

DSRC/WAVE IEEE 1609.3 即"汽车环境中无线存取（WAVE）试用标准——网络服务"（Network Services），为制定 WAVE 系统中网路层通信协定及管理机制。提供 WAVE 网络服务给 WAVE 装置与系统，它定义操作在网络层与传输层的 WAVE 网络服务，粗略的重新展现 OSI 网络模型的第三四层。IEEE 1609.3 的网络服务提供两大类的传输服务：IPv6 传输服务和 WAVE 短信息通信服务（WSM）。IEEE 1609.3 的制定目的在于提供 WAVE 系统的寻址及路由的服务。IEEE 1609.3 规范了在 5.9GHz 的 DSRC/WAVE 模式下，无线连接车用装置和车用装置与固定的路边装置的网络层及传输层的服务及操作。为降低 WAVE 设备间传输时所需的时间，IEEE 1609.3 为 WAVE 系统量身定制了短消息通信协议（WSMP）。WAVE 的管理机制是由 IEEE 1609.3 中的管理实体层（WME）负责，所有的应用程式要使用 WAVE 作为传输媒介时，都必须先向 WME 进行注册。IEEE 1609.3 是目前较为完善的部分。

DSRC/WAVE IEEE 1609.4 即"汽车环境中无线存取（WAVE）试用标准——多信道运行"，其中规定了通信协议栈媒体接入控制接口和 IEEE 802.11p 的多信道运行对单信道运行提供频带的协调及 MAC 子层的管理功能。协调控制信道（Control Channel，CCH）与服务信道的操作（Service Channels，SCH）：控制信道用来广播、高优先权的利用与信号使用信息（系统用）。服务信道则用来提供在线的传输服务。IEEE 1609.4 标准所提供的服务是被用来进行信道协调的管理及支持 MAC 服务。其中包括：信道的路由、用户优先权、信道协调等。IEEE 1609.4 的使用者优先权（User Priority）的功能。IEEE 1609 使用 IEEE 802.11e 的增强分布式信道存取（Enhanced Distributed Channel Access mechanism，EDCA）的机制来竞争媒体存取。媒体访问控制根据存取分类索引与用户优先权的配对决定将数据置于何队列。

 习题

1. 简述 WLAN 标准、网络结构及应用。
2. 简述物联网中需要利用的短距无线传输技术有哪些。
3. 简述 WPAN 的特点和主要标准，简述 IEEE 802.15 协议体系结构。
4. 简述蓝牙、ZigBee、IrDA，Home RF 与 UWB 技术特点。
5. 试述专用短程通信技术 DSRC 特点、优势及 WAVE 协议架构。

第6章 物联网的安全问题

学习重点

　　通过本章介绍的内容，读者应了解物联网面临的安全问题，物联网的安全架构，物联网所涉及的安全技术，重点学习和掌握解决物联网安全问题的相关技术。

　　信息与网络安全的目标是要达到被保护信息的机密性（Confidentiality）、完整性（Integrity）和可用性（Availability）。在互联网的早期阶段，人们更关注基础理论和应用研究，随着网络和服务规模的不断增大，安全问题显得为突出，引起了人们的高度重视，相继推出了一些安全技术，如入侵检测系统、防火墙、公钥基础设施（PKI）等。物联网的研究与应用处于初级阶段，很多的理论与关键技术有待突破，特别是与互联网和移动通信网相比，还没有展示出令人信服的实际应用，我们将从互联网的发展过程来探讨物联网的安全问题。

　　从物联网的信息处理过程来看，感知信息经过采集、汇聚、融合、传输、决策与控制等过程，整个信息处理的过程体现了物联网安全的特征与要求，也揭示了所面临的安全问题。

　　感知网络的信息采集、传输与信息安全问题。感知节点呈现多源异构性，感知节点通常情况下功能简单（如自动温度计）、携带能量少（使用电池），使得它们无法拥有复杂的安全保护能力，而感知网络多种多样，从温度测量到水温监控，从道路导航到自动控制，它们的数据传输和消息也没有特定的标准，所以没法提供统一的安全保护体系。

　　核心网络的传输与信息安全问题。核心网络具有相对完整的安全保护能力，但是由于物联网中节点数量庞大，且以集群方式存在，因此会导致在数据传播时，由于大量机器的数据发送使网络拥塞，产生拒绝服务攻击。此外，现有通信网络的安全架构都是从人通信的角度设计的，对以物为主体的物联网，要建立适合于感知信息传输与应用的安全架构。

　　物联网业务的安全问题。支撑物联网业务的平台有着不同的安全策略，如云计算、分布式系统、海量信息处理等，这些支撑平台要为上层服务管理和大规模行业应用建立起一个高效、可靠和可信的系统，而大规模、多平台、多业务类型使物联网业务层次的安全面临新的挑战，是针对不同的行业应用建立相应的安全策略，还是建立一个相对独立的安全架构是一个亟待解决的问题。

　　另一方面可以从安全的机密性、完整性和可用性来分析物联网的安全需求。信息隐私是物联网信息机密性的直接体现，如感知终端的位置信息是物联网的重要信息资源之一，也是需要保护的敏感信息。另外在数据处理过程中同样存在隐私保护问题，如基于数据挖掘的行为分析等，要建立访问控制机制，控制物联网中信息采集、传递和查询等操作，不会由于个人隐私或机构秘密的泄露而造成对个人或机构的伤害。信息的加密是实现机密性的重要手段，由于物联网的多源异构性，使密钥管理显得更为困难，特别是对感知网络的密钥管理是制约物联网信息机密性的瓶颈。

6.1　物联网的安全架构

　　由物联网的层次架构，感知层通过各种传感器节点获取各类数据，包括物体属性、环境状态、行为状态等动态和静态信息，通过传感器网络或射频阅读器等网络和设备实现数据在感知层的汇聚和传输；传输层主要通过移动通信网、卫星网、互联网等网络基础实施，实现对感知层信息的接入和传输；支撑层是为上层应用服务建立起一个高效可靠的支撑技术平台，通过并行数据挖掘处理等过程，为应用提供服务，屏蔽底层的网络、信息的异构性；应用层是根据用户的需求，建立相应的业务模型，运行相应的应用系统。

在各个层次中安全和管理贯穿于其中。表 6-1 显示了物联网的层次结构。

表 6-1 物联网的层次架构

应用层	智能交通、环境监测、内容服务等
支撑层	数据挖掘、智能计算、并行计算、云计算等
传输层	WiMAX、GSM、3G 通信网、卫星网、互联网等
感知层	RFID、二维码、传感器、红外感应等

物联网在不同层次可以采取的安全，如表 6-2 所示。以密码技术为核心的基础信息安全平台及基础设施建设是物联网安全，特别是数据隐私保护的基础，安全平台同时包括安全事件应急响应中心、数据备份和灾难恢复设施、安全管理等。安全防御技术主要是为了保证信息的安全而采用的一些方法，在网络和通信传输安全方面，主要针对网络环境的安全技术，如 VPN、路由等，实现网络互连过程的安全，旨在确保通信的机密性、完整性和可用性。而应用环境主要针对用户的访问控制与审计，以及应用系统在执行过程中产生的安全问题。

表 6-2 物联网安全技术架构

应用层	应用环境安全技术可信终端、身份认证、访问控制、安全审计等
支撑层	网络环境安全技术无线网安全、虚拟专用网、传输安全、安全路由、防火墙、安全域策略、安全审计等
传输层	信息安全防御关键技术攻击监测、内容分析、病毒防治、访问控制、应急反映、战略预警等
感知层	信息安全基础核心技术密码技术、高速密码芯片、PKI 公钥基础设施、信息系统平台安全等

根据物联网自身的特点，物联网除了面对移动通信网络的传统网络安全问题之外，还存在着一些与已有移动网络安全不同的特殊安全问题。这是由于物联网是由大量机器构成的，且数量庞大，不易于有效监管，这些特殊性造成了如下一些安全问题：

（1）物联网机器/感知设备节点的本地安全问题。由于物联网应用可以取代人来完成一些复杂的危险和机械的工作。物联网机器/感知设备节点等通常工作在无人监控的复杂场景中。因而攻击者可能接触到这些设备，并进行破坏。

（2）感知网络的传输与信息安全问题。感知节点通常情况下功能简单（如自动温湿度传感器等）、携带能量有限，这些因素使得它们无法拥有较复杂的安全保护能力；此外由于传感网等感知网络的应用多样性，难以提供统一的安全保障体系。

（3）核心网络的传输与信息安全问题。核心网络具有相对完整的安全保护能力，但由于物联网中设备节点数量庞大，且以集群方式存在，因此会导致在信息传输过程中由于机器数量较大而导致的网络拥塞问题，从而产生拒绝服务攻击。此外现有网络安全架构主要从人通信的角度设计，不能很好适用于机器之间的通信。因此现有安全机制不能完全适用于物联网场景和应用。

（4）物联网安全的应用问题。由于物联网设备通常是先部署后组网（如传感器网络），而大多数物联网场景下的节点设备是无人看守的，所以如何对物联网设备进行远程签约信息和应用信息配置是一大技术挑战。此外庞大且多样化的物联网平台需要一个有效且统一的安全管理平台，有效应对多样化的物联网应用。因此物联网机器的日志等安全信息管理也是面临的一大技术挑战。

物联网融合了多种网络技术，具有传统网络和传感网的特点。解决物联网安全问题除了使用常规网络安全措施外，还需要针对物联网特别是传感网特点进行安全防护。传感网 WSN 的安全特点如下：

（1）节点资源有限，包括处理器资源、存储器资源、电源等都受到限制。WSN 中单个节点的处理能力较低，无法进行快速的高复杂度计算，这对加解密算法的安全架构提出了技术挑战。存储资源的缺乏也使得节点存储能力较弱，同时节点电量也难以保证。

（2）节点通常无人值守，易受物理攻击。WSN 中较多应用部署在一些特殊环境中，因此单个节点失效的可能性较大。由于难以甚至无法给予物理上的维护，节点可能产生永久性失效。另外，节点在一些特殊的敌对应用环境中，容易遭到攻击，比如军事应用中节点更易遭受针对性攻击。

（3）节点的移动性。受外界环境的被动影响、内部驱动的自发移动命令及固定节点失效等，都可能造成节点的移动性，从而导致网络拓扑发生变化。对于网络拓扑频繁变化的情况，网络上大量过时路由信息和攻击检测的难度大大增加。

（4）传输介质的不可靠性和广播性。WSN 中的无线传输介质易受外界环境影响，网络链路产生差错和发生故障概率增大，节点附近容易造成信道冲突，且恶意节点可能窃听重要信息等。

（5）网络无基础设施。WSN 网络以 Ad hoc 方式组网，缺少网络基础设施，因此一些有线网络中的成熟安全架构无法在 WSN 中有效实施，需要设计适合于 WSN 特点的安全架构。

（6）潜在攻击的不对称。由于单个节点各方面能力相对较弱，攻击者容易使用常见设备发起点对点的不对称攻击。

6.2　物联网的安全技术

作为一种多网络融合的网络，物联网安全涉及各个网络的不同层次，在这些独立的网络中已实际应用了多种安全技术，特别是移动通信网和互联网的安全研究已经历了较长的时间，但对物联网中的感知网络来说，由于资源的局限性，使安全研究的难度较大，本节主要针对传感网中的安全问题进行讨论。

6.2.1　密钥管理

密钥管理就是处理密钥自产生到最终销毁的整个过程中的有关问题，包括系统的初始化，密钥的产生、存储、备份/恢复、导入、分配、保护、更新、泄漏、撤销和销毁等内容。由于无线传感器网络的不确定性、网络拓扑的未知性、对数据查询的不同要求造成无线传感器网络路由协议的不确定。而密钥管理针对的是点到点之间的验证、加密，上述的不确定性对其并不影响，所以目前更多的是研究密钥管理来保证无线传感器网络的安全。身份认证在传感器网络中的主要目的是判断节点是否属于该网络，而不一定需要节点之间互相确认明确的身份。并且，身份认证的工作一般可以与密钥管理结合完成。

物联网密钥管理系统面临两个主要问题：一是如何构建一个贯穿多个网络的统一密钥管理系统，并与物联网的体系结构相适应；二是如何解决传感网的密钥管理问题，如密钥的分配、更新、组播等问题。实现统一的密钥管理系统可以采用两种方式：一是以互联网为中心的集中式管理方式；二是以各自网络为中心的分布式管理方式。无线传感器网络的密钥管理系统的设计在很大程度上受到其自身特征的限制，因此在设计需求上与有线网络和传统的资源不受限制的无线网络有所不同，特别要充分考虑到无线传感器网络传感节点的限制和网络组网与路由的特征。它的安全需求如下：

（1）密钥生成或更新算法的安全性。利用该算法生成的密钥应具备一定的安全强度，不能被网络攻击者轻易破解或者花很小的代价破解。也即是加密后保障数据包的机密性。

（2）前向私密性。对中途退出传感器网络或者被俘获的恶意节点，在周期性的密钥更新或者撤销后无法再利用先前所获知的密钥信息生成合法的密钥继续参与网络通信，即无法参加与报文解密或者生成有效的可认证的报文。

（3）后向私密性和可扩展性。新加入传感器网络的合法节点可利用新分发或者周期性更新的密钥参与网络的正常通信，即进行报文的加解密和认证行为等。而且能够保障网络是可扩展的，即允许大量新节点的加入。

（4）抗同谋攻击。在传感器网络中，若干节点被俘获后，其所掌握的密钥信息可能会造成网络局部范围的泄密，但不应对整个网络的运行造成破坏性或损毁性的后果即密钥系统要具有抗同谋攻击。

（5）源端认证性和新鲜性。源端认证要求发送方身份的可认证性和消息的可认证性，即任何一个网络数据包都能通过认证和追踪寻找到其发送源，且是不可否认的。新鲜性则保证合法的节点在一定的延迟许可内能收到所需要的信息。新鲜性除了和密钥管理方案紧密相关外，与传感器网络的时间同步技术和路由算法也有很大的关联。密钥管理系统的实现方法主要包括基于对称密钥系统的方法和基于非对称密钥系统的方法。基于对称密钥的管理系统从分配方式上也可分为以下三类：基于密钥分配中心方式、预分配方式和基于分组分簇方式。与非对称密钥系统相比，对称密钥系统在计算复杂度方面具有优势，但在密钥管理和安全性方面却有不足。特别是在物联网环境下，如何实现与其他网络的密钥管理系统的融合是值得探讨的问题。为此，人们将非对称密钥系统也应用于无线传感器网络。

根据网络实际的使用场所和网络邻居节点间是直接通信的特性，基于信息的动态会话密钥更新机制可加强无线传感器网络节点间的安全性。密钥管理包括网络条件的定义、节点初始设置、节点部署、密钥更新和新节点加入等 5 个阶段。

1. 网络条件的定义

本密钥管理算法是在一定网络条件下执行的，因此，首先进行网络条件的定义如下：

（1）假定网络拓扑结构为基于簇的两层架构，网络节点分为控制节点（或称为基站）、簇首（节点）和普通节点。每个簇内的普通节点采集数据并将其直接或多跳发给其簇首节点，簇首节点负责本簇内节点管理并将收到的数据发给控制节点，控制节点决定密钥更新时间，并负责与外部网络中心进行数据与控制信息的交互。

（2）节点初始布置及网络初始化期间，假定网络环境是安全的，即认为敌方来不及或者未侦测到网络的存在，不会出现针对网络的不安全行为。

（3）网络密钥将在一定时间间隔内进行全网范围内的动态更新，该时间间隔 T_{update} 小于网络节点被捕获并且破解出捕获时网络节点内密钥所需的时间长度 T_{crack}。

（4）簇首节点和控制节点外形与普通节点一致且数量少。

2．节点初始设置

节点初始设置阶段为每个节点分配初始密钥、网络标识 ID 和用于密钥更新的 Hash 函数，是一个离线过程。具体过程如下：

（1）设在整个传感器网络中存在 N 个节点，每个节点预分配全网唯一的标识 ID_i，$i = 1,2,\cdots,N$，所有的节点标识形成的集合记为 $D=\{\text{ID}_i, i = 1,2,\cdots,N\}$，单向 Hash 函数 $H{:}D\rightarrow\{0,1\}\times N$。

（2）为每个节点分配初始密钥 K_0，该初始密钥用于网络初始化时节点间认证及新加入节点认证。

（3）为每个节点分配两个 Hash 函数：Update(x)和 NewAdd(x)。Update(x)用于对密钥进行更新，NewAdd(x)用于初始密钥和新加入节点密钥的计算。

3．节点部署与网络初始化配置

当节点预设置完成后，节点被布置到目标区域，其中控制节点、簇首节点和普通节点混合放置，普通节点比其他两种数量大得多。

当节点部署完毕后，开始网络初始化配置。主要是簇生成及邻节点间的建立共享密钥，具体过程如下：

（1）网络根据拓扑控制算法生成簇。

（2）每个节点根据分配的初始密钥 K_0 和 ID，用 K_0 对建立共享密钥请求消息和自己 ID 加密得 $K_{\text{REQ}}=F(\text{Req}|\text{ID})$，然后将加密结果 K_{REQ} 作为数据，向邻节点广播该数据包。

（3）邻节点收到数据包后，利用自己的 K_0 解出该包，得到其 ID，将其加入信任节点列表，并生成随机数 M，与自己 ID 一起用 K_0 加密后返回 $K_{\text{ACK}}=F(M|\text{ID})$ 给该节点。

（4）节点收到后用 K_0 解出对方 ID 及 M 后，利用 NewAdd(x)生成共享密钥 $K_{S_0} = $ Update(M)，并返回确认消息给该邻节点。

（5）邻节点收到确认消息后，也生成共享密钥 $K_{S_0} = $ Update(M)，从而每对节点间都共享了独一无二的密钥。

（6）建立共享密钥后，每个节点将自己 ID 用 K_0 加密后发送给簇首节点，并更新密钥 K_0：$K_1=$ NewAdd(K_0)，$K_2=$ NewAdd(K_1)，$K_3=$ NewAdd(K_2)，删除 K_0、K_1、K_2，保存 K_3。

（7）簇首节点收到每个节点将自己 ID 用 K_0 加密后发送来的数据包，解密后得到各 ID，建立簇内节点列表；并利用 Hash 函数更新密钥 K_0：$K_1=$ NewAdd(K_0)，$K_2=$ NewAdd(K_1)，$K_3=$ NewAdd(K_2)，删除 K_0、K_1、K_2，保存 K_3。

（8）簇首节点及普通节点利用 Hash 函数对更新次数 $N=0$ 进行运算，得 $K_{N0}=$ Update(N)，其中 $N=0$，保存 K_{N0} 值。

4．密钥更新

网络初始化后，控制节点生成一个$[0.7T_{\text{crack}}, 0.9T_{\text{crack}}]$之间的随机值 $T_{\text{update}}=\text{random}(0.7T_{\text{crack}}, 0.9T_{\text{crack}})$，则时间 T_{update} 到后，控制节点发起密钥更新过程如下，假设该次为第 i 次更新密钥。

（1）控制节点利用 Hash 函数生成 $K_{N_i}=$ Update(i)，并用 $K_{N_{i-1}}$ 加密 K_{N_i} 及更新密钥命

令，将加密内容进行广播。

（2）簇首及普通节点收到命令后，利用本地的 $K_{N_{i-1}}$ 解密得到 K_{N_i} 及更新密钥命令。由于 $K_{N_{i-1}}$ 每次更新后都失效，则即使敌方节点截获此更新包，但无 $K_{N_{i-1}}$ 则无法破解该包；若敌方捕获节点并破解得到节点的该 $K_{N_{i-1}}$，但破解时间 T_{crack} 超过更新周期 T_{update}，故当敌方得到该 $K_{N_{i-1}}$ 时，新的 K_N 已出现，原值已无效。

（3）若簇首及普通节点收到更新命令并验证合法后，则开始进行密钥更新。首先节点用 K_{N_i} 加密自己 ID 后进行向邻节点广播，要求更新。

（4）邻节点收到后用 K_{N_i} 解密得到对方 ID，然后反馈 ACK 包，并生成新共享密钥 $K_{S_i}=\mathrm{Update}(K_{S_{i-1}}|K_N)$。

（5）原节点收到 ACK 包后，也生成新共享密钥 $K_{S_i}=\mathrm{Update}(K_{S_{i-1}}|K_N)$。

（6）密钥更新成功的节点删除 $K_{S_{i-1}}$、$K_{N_{i-1}}$ 保留 K_{S_i}、K_{N_i}，并用 K_{N_i} 加密 ID 向簇首节点发送更新成功的确认消息。

（7）簇首收到更新成功消息后，查找是否全部更新，对于未收到其更新确认消息的节点，则向其邻节点查询，若其邻节点未与该节点更新共享密钥，则认为该节点失效或被捕获。

5. 新节点加入

新节点加入过程是一个比较危险的过程，在此期间，敌方节点可能会冒充老节点或新节点加入网络或盗取信息，因此，该过程中存在老节点对新节点的认证、新节点对老节点的认证，以及新节点之间的认证问题。

新节点 A 加入前，被注入初始密钥 K_0、当前密钥更新次数 $N=i$ 生成的 Hash 值 K_{N_i} 及两个 Hash 函数：Update(x) 和 NewAdd(x)，其加入过程如下：

（1）新节点 A 用 K_{N_i} 加密 $K_1=\mathrm{NewAdd}(K_0)$ 及自己 ID 后进行广播，要求加入。

（2）新节点或老节点 B 收到请求包后，利用本节点的 K_{N_i} 解出 K_1 及新节点 A 的 ID，因敌方无法获取最新 K_{N_i}，故敌方节点无法破解该包。同时，收到请求包的节点解出 K_1 后，将 K_1 进行 Hash 计算，得到 K_3 并与本地 K_3 值比较，以验证数据包的正确性，若相等则查看 ID 是否出现过，若未出现过则保存收到数据完成对新节点 A 认证并进入下一步，否则丢弃。

（3）节点 B 完成对新节点 A 的认证后将新节点 A 的 ID 列入信任 ID，生成随机数 M 并与 K_2 及自己 ID 用 K_{N_i} 加密后作为确认包发送给新节点 A。

（4）新节点 A 用 K_{N_i} 解密后，对比 K_2 来完成对节点 B 的认证并将对方 ID 列入信任 ID，保存 K_3，删除 K_0、K_1、K_2，利用 NewAdd(x) 生成共享密钥 $K_{S_0}=\mathrm{NewAdd}(M)$，并返回确认消息给 B。

（5）节点 B 收到确认消息后利用 NewAdd(x) 生成共享密钥 $K_{S_0}=\mathrm{NewAdd}(M)$，完成新节点加入过程。

6.2.2　数据处理与隐私性

物联网的数据要经过信息感知、获取、汇聚、融合、传输、存储、挖掘、决策和控制等处理流程，而末端的感知网络几乎要涉及上述信息处理的全过程，只是由于传感节点与汇聚点的资源限制，在信息的挖掘和决策方面不占居主要的位置。物联网应用不仅面临信息采集的安全性，也要考虑到信息传送的私密性，要求信息不能被篡改和非授权用户使用，同时，还要考虑到网络的可靠、可信和安全。物联网能否大规模推广应用，很大程度上取决于其是否能够保障用户数据和隐私的安全。

就传感网而言，在信息的感知采集阶段就要进行相关的安全处理，如对 RFID 采集的信息进行轻量级的加密处理后，再传送到汇聚节点。这里要关注的是对光学标签的信息采集处理与安全，作为感知端的物体身份标识，光学标签显示了独特的优势，而虚拟光学的加密解密技术为基于光学标签的身份标识提供了手段，基于软件的虚拟光学密码系统由于可以在光波的多个维度进行信息的加密处理，具有比一般传统的对称加密系统有更高的安全性，数学模型的建立和软件技术的发展极大地推动了该领域的研究和应用推广。

数据处理过程中涉及基于位置的服务与在信息处理过程中的隐私保护问题。ACM 于 2008 年成立了 SIGSPATIAL（Special Interest Group on Spatial Information），致力于空间信息理论与应用研究。基于位置的服务是物联网提供的基本功能，是定位、电子地图、基于位置的数据挖掘和发现、自适应表达等技术的融合。定位技术目前主要有 GPS 定位、基于手机的定位、无线传感网定位等。无线传感网的定位主要是射频识别、蓝牙及 ZigBee 等。基于位置的服务面临严峻的隐私保护问题，这既是安全问题，也是法律问题。欧洲通过了《隐私与电子通信法》，对隐私保护问题给出了明确的法律规定。

基于位置服务中的隐私内容涉及两个方面，一是位置隐私，二是查询隐私。位置隐私中的位置指用户过去或现在的位置，而查询隐私指敏感信息的查询与挖掘，如某用户经常查询某区域的餐馆或医院，可以分析该用户的居住位置、收入状况、生活行为、健康状况等敏感信息，造成个人隐私信息的泄漏，查询隐私就是数据处理过程中的隐私保护问题。所以，我们面临一个困难的选择，一方面希望提供尽可能精确的位置服务，另一方面又希望个人的隐私得到保护。这就需要在技术上给予保证。目前的隐私保护方法主要有位置伪装、时空匿名、空间加密等。

传感网中有很多现成的安全机制，如 SPIN、TinySec、TinyPK 等。这些安全机制的共同特点是为应用提供了安全服务接口，节点运行时采用了哪种安全服务取决于编译时所使用的那种安全服务接口。这些安全机制需要在节点部署前预先定义好，是一种静态的安全机制。然而无线传感器网络中安全条件并非固定不变，在不同的安全条件下采用同一种级别的安全保护可能会造成不必要的资源浪费。在物联网环境下，需要一种可动态重配置网络安全机制，根据不同的环境安全条件为应用提供可变的安全服务。这种安全机制通过为应用提供合适的安全服务来节省资源的消耗。物联网攻击可以发生在不同的层次，针对不同层次的攻击需要不同的安全保护。围绕这种安全机制还需要研究各种安全服务在传感网上实现的可能性，以及密钥管理等。同时还需要研究接收方对数据解析的可能性，如在发送方采用了变化的加密服务后，接收方需要知道采用哪种安全服务，这样接收方能采用相应的解密方式对数据进行解密。

无线传感器网络保护主要使用加密、认证和安全组播等安全机制来保证网络安全。这些安全机制均是建立在加密和认证这两种安全机制的基础上，通过综合使用这些安全机制来保护数据的完整性、机密性和及时性及保证数据来自可靠的源节点。无线传感器网络安全领域有很多成熟的解决方案，如 TinySec、TinyPK 和 SPIN 等。这些研究均侧

重于如何将传统的加密和认证及密钥管理等安全机制应用到无线传感器网络中，如
TinyPK 是将 **RSA** 对称加密和 **Diffie-Hellman** 密钥管理安全机制应用到 **TinyOS** 无线传感
器网操作系统中。虽然 **TinySec** 提出两种可供选择的安全服务模式（认证、加密和认证），
但是这两种模式需要在应用开发时为其指定使用哪种模式。

　　静态的安全服务是在权衡各种因素的情况下提出的满足应用需求的安全解决方法。
这些静态的安全服务能在一定程度为节点提供安全服务，但这些安全服务一旦定义好就
不能再对其进行改变。当网络安全条件发生变化，低强度的安全服务就能保证网络安全时，
静态高强度的安全服务就会造成一定的资源浪费。由于安全服务需要进行额外的计算和为
数据传输添加额外的数据位，因此资源浪费主要表现在计算资源和网络资源两个方面。

　　针对静态的无线传感器网络安全机制在变化的网络安全条件会造成资源浪费的问
题，需要研究根据不同的网络安全条件下提供动态的、可变的安全服务机制的无线传感
器网络安全系统，即根据不同的网络安全条件为应用提供合适的安全服务，从而达到节
省节点系统资源的目的。

1. 可配置安全策略的体系结构

　　按照不同的功能，可配置安全策略的体系结构可分成三部分：安全规则管理、安全
服务实施和安全规则更新子系统。这三个子系统之间根据不同的触发条件异步执行。安
全规则管理子系统由安全分析模块触发，将合适的安全规则交给安全服务实施部分。安
全服务实施子系统由具体的应用来触发，根据安全规则为应用提供具体的安全服务。安
全规则更新子系统只有在更新到达节点的时候才工作。安全规则管理子系统与安全服务
实施子系统通过安全规则进行通信，而安全规则更新主要是对安全规则管理所使用的安
全配置库进行处理。

　　安全配置管理子系统是系统提供可重配置的安全服务的基础，整个执行步骤如下：

　　（1）安全分析模块对网络安全条件进行处理，并将分析的结果（即安全需求）交给
安全规则协调模块。

　　（2）安全规则协调模块先对安全需求进行分析，如果分析的结果表明系统不需要系
统为应用提供任何的安全服务，就执行步骤（4），否则执行步骤（3）。

　　（3）安全规则协调模块根据安全需求中的强度值从安全配置库中选取相应的安全配置。

　　（4）将相关安全需求和安全配置信息结合成具体的安全规则，并将其交给安全服务
实施模块，结束运行。

　　安全服务实施是指系统将根据安全规则管理的结果为应用提供具体的安全服务，因
此是安全服务的实施者。此部分的工作流程如图 6-1 所示。整个执行步骤如下：

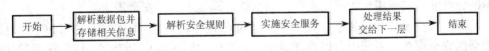

开始 → 解析数据包并存储相关信息 → 解析安全规则 → 实施安全服务 → 处理结果交给下一层 → 结束

图 6-1　安全服务实施流程图

　　（1）应用调用系统所提供的接口后，便将待处理的数据交给了安全服务实施子系统。
安全服务事实部分解析数据包的目的地址、长度等信息。

　　（2）安全服务管理对安全配置进行解析，获得安全服务的功能需求和组件配置信息。

（3）调用相应的安全服务组件并按相应的规则调用它们来为应用提供安全服务。

（4）当安全服务实施完成后，便将处理后的数据交给下一层处理。结束此部分执行。

2. 动态配置安全策略的关键技术

动态配置安全策略关键技术，包括安全服务组件实现、安全规则协调、安全服务实施和安全配置更新四部分。

1）安全服务组件的实现

网络环境中的攻击分成 8 类，包括泄密、传输分析、伪装、内容修改、顺序修改、计时修改、发送否认和接收方否认。对于这 8 类网络攻击可以通过加密、认证、数据签名及专门设计的安全协议进行防护。

动态配置的安全策略主要考虑在链路层上实现一种对数据的机密性、完整性和及时性进行保护的动态重配置安全机制，重点在于利用基本的加密和认证方法保证节点间的信道安全。机密性是指消息的内容不会泄露给非法攻击者。完整性是指接收方接收到的数据在传输过程中没有被修改过。及时性是指密文的语义安全，非法入侵者不能通过密文推出明文。数据机密性保护采用对数据加密的方法（如 RC5）。数据完整性保护使用消息认证的方法（哈希或消息认证码）。而及时性保护主要是为加密选择一种工作模式（如密码分组链式）让加密后的密文缺乏语义分析的可行性。

动态配置安全策略系统正是根据不同的安全需求来动态为应用数据提供可选的安全保护。可以看出，对数据进行保护的方法主要集中在加密和消息认证上。对于如何将传统的加密方法应用到无线传感器网络领域，目前有很多成功的解决方案。可应用到无线传感器领域的加密方法主要包括 AES、RC5、Skipjack、RC4、ECC 和 RSA 等。其中前三个是对称的块加密算法，RC4 是对称的流加密算法，RSA 和 ECC 为两种主流的非对称加密算法。通常情况下流加密要比块加密速度快，但是流加密并不能很好地应用到无线传感器网络中，在传感网中，为了实现对数据的及时性进行保护，需要对块加密方法采用一种工作模式，这些工作模式包括：密码分组链接模式、密码反馈模式和输出反馈模式。

为了保证数据的及时性，考虑采用密码分组链接模式。认证方法包括消息认证和实体认证，其中消息认证用来保证数据的完整性。可选用哈希或消息认证码来保证数据的完整性。哈希需要与加密算法配合使用来保证数据的完整性。动态配置安全体系对需要保证其完整性的数据进行哈希变换后，将所得的哈希值进行加密。这样接收方只需要对哈希值解密，然后计算出哈希值就可以验证数据的完整性。动态配置安全体系采用基本的加密和认证来保证数据的安全。加密是各种网络安全机制的基础。最主要的安全服务组件是加密组件，另外还包括哈希和消息认证码组件，最后还需要加密模式组件。这些基本的组件通过动态组合为应用提供数据保护、满足不同的安全需求。

动态配置安全体系定义了 4 种基本类型的安全服务组件，其中只有加密和哈希这两种类型的安全服务在系统中可以存在多个，如系统中同时存在 RC5 和 AES 这两种加密组件。但对于加密模式和消息认证码两种类型的组件，系统只是通过为其指定不同的加密组件来保证数据及时性和完整性，因此在系统中这两种组件分别只存在一个。

由于在系统中提供了加密和认证这两种基本的安全机制，当接收方接收到了采用经过加密和认证处理过的数据后，就需要对数据采用相应的操作。接收方可能需要验证哈希值或消息认证码，另外还可能需要对数据进行解密。这就需要在系统中设计相应的验证组件和解密组件。

　　2）安全规则协调

　　安全规则协调指的是系统通过安全需求从安全配置库中选择相应的安全配置并将相应安全需求和安全配置信息组成安全规则，最后将其交给安全服务实施子系统。安全服务实施部分根据安全规则所提供的信息为应用提供不同动态的安全服务。这些安全服务可以用来保证数据的机密性、完整性和及时性。系统中提供 4 种不同类型的安全服务组件，这 4 种类型的安全服务组件中，加密模式和消息认证码组件在系统中分别只存在一种，加密和哈希组件在系统中可以存在多个。通过动态的选择和组合这 4 类基本的安全服务组件来满足不同的安全需求，从而达到重配置的目的。其安全服务可重配置性主要表现在以下两个方面：

　　（1）可以为应用动态提供不同功能的安全服务。动态配置安全体系为应用提供 3 种功能的安全服务，这 3 个功能包括保证数据的机密性、完整性和及时性。根据不同的安全需求，系统所提供的安全服务可以包括全部功能，也可以是其中的几个。

　　（2）为应用选择不同加密和哈希组件。由于不同加密和哈希组件的安全性能和资源消耗程度存在着差异，因此系统在为应用提供相同功能的安全服务时，通过选用不同的加密和哈希组件来提供不同性能的安全服务。这两个方面分别与安全需求和安全配置相关。安全需求说明了当前的网络安全条件下系统需要为应用提供哪些功能的安全服务。安全配置说明提供这些安全服务时应使用什么样的安全服务组件。因此需要在系统中定义安全需求和安全配置的数据结构，同时还需要保证它们的结构能够被安全服务实施子系统解析。安全需求是由安全分析模块对网络安全条件进行分析而得出的结果，不同的网络安全条件会产生不同的安全需求。由于安全需求对系统所提供安全服务的功能进行说明，因此在定义安全需求时应为系统指明提供什么样的功能安全服务。另外，由于安全规则协调模块还需要根据安全需求为安全服务实施子系统选择一条安全配置，因此安全需求还需与已存在的安全配置相关联。

　　从以上内容可以得出，安全需求包括安全服务功能说明和安全强度两个部分。由于系统所提供的安全服务功能少于 8 个及节点并不能容纳足够的安全配置，因此在具体实现的时候可以分别用 8 个比特来表示它们。安全需求具体的结构如表 6-3 所示。

表 6-3　安全需求的具体结构

数据位	0~4	5	6	7
名称	强度	完整性；	及时性；	机密性
含义	与相应的安全策略对应	0 表示不需要 1 表示需要	0 表示不需要 1 表示需要	0 表示不需要 1 表示需要

　　由于系统中预定义的 4 种组件可分为加密和认证两大类（其中哈希和 MAC 同属于认证），因此安全配置主要是说明系统采用什么样的加密和认证组件。另外，按照上文的说明认证组件还需要加密组件配合使用，因此在定义认证组件时还需要定义采用什么样的加密组件。综上所述，安全配置中应该包括三部分：用于保证数据完整性的加密组件，认证组件（哈希或消息认证码组件）和用于认证的加密组件。用于认证的加密组件可以

与用于保证数据完整性的加密组件相同，因此当安全配置中没有对用于认证的加密组件进行说明的时候，系统就直接采用用于保证数据完整性的加密组件来与认证组件配合使用。最后为了与安全需求建立关联，定义安全配置的时候还需要定义强度值。安全配置的结构定义如表 6-4 所示。

表 6-4　安全配置结构定义

字段名称	说　　明
强度	与安全需求中的强度值对应
加密组件	指明所使用的是哪种组件
认证组件	包括 Hash 和 MAC，二者只能取一，指明使用 MAC 或哪种具体的 Hash 组件来保证消息完整性
认证所需的加密组件	指明认证所需的加密组件，值取 0 时其取值与加密组件字段相同

安全规则协调由安全规则协调模块来完成，安全分析模块通过调用安全规则协调模块提供的接口将安全需求交给安全规则协调模块，安全规则协调模块根据安全需求的强度值从安全配置库中选择相关的安全配置。

系统进行动态重配置的基础是需要为安全服务实施子系统提供变化的安全需求和安全配置。系统在提供安全服务的时候，根据不同的安全规则调用不同的安全服务组件来提供不同的安全服务。这样会带来另外一个问题，接收方需要知道发送方对数据进行了什么样的处理。直观的做法是将处理细节发送给接收方，即将系统中的安全需求和安全配置相关的信息发送给接收方，但是这样会增加网络通信负载，另外这种方法会造成通信安全隐患。

整个协调过程中，先由安全分析模块调用安全规则协调模块提供的接口，将安全需求交给安全规则协调模块。安全规则协调模块根据安全需求的强度值从安全配置库中选择相应的安全配置，然后将安全需求和安全配置结合成安全规则并将其递给安全服务实施子系统。

3）安全服务实施

通过安全需求和安全配置，安全服务实施子系统能够将安全服务组件进行动态组合为应用提供合适的安全服务。应用通过调用安全服务管理模块所提供的接口将待处理的数据和相关的信息交给安全服务实施子系统。安全服务实施的时候，安全服务管理模块需要对应用所提供的信息进行分析，然后对安全规则进行解析，最后根据解析所获得的信息将安全服务组件进行动态地组合来提供合适的安全服务。

安全服务管理模块负责为应用提供相应的安全服务管理。安全服务管理模块需要为应用提供与标准网络接口有着相同定义的接口。通过这个接口，安全服务管理模块可以获取应用和网络之间的通信数据。通过对所获取的数据进行变换，系统可以动态地、透明地将安全服务提供给应用。由于在网络安全需求未改变的情况下，系统只能为所有的应用提供相同的安全服务。为了实现能够为不同的应用提供不同的安全服务，系统中还定义了另外一种接口。系统可以通过这个接口为不同的应用提供不同的安全服务。最后安全服务管理模块还需要为安全配置管理子系统提供一个接口，用来接收安全规则。系统为应用提供了发送和接收接口。当应用程序调用这些接口时，安全配置管理模块就开始处理所获取的数据。系统先对所获取的数据信息进行处理，如设置消息长度、目的地址等；接着对安全规则进行解析，获取相关的安全服务组件信息，最后根据一定的规则来组合执行安全服务组件。

　　4）安全配置更新

　　当无线传感器网络部署好后,可以根据网络实际运行情况对安全配置进行动态更新。为了实现更新,通常情况下需要为可更新部分设置一个版本号,用来判断所接受到更新包是否比原有的包要新,因此需要为安全配置设置一个版本号。将安全配置设计成可在运行时进行动态更新可以增强系统重配置的灵活性,但是会带来节点间安全配置更新不同步的问题。另外还需要解决更新数据包的安全问题。无线传感器网络更新同步可以借鉴无线传感器网络时间同步的解决方案。当安全配置更新不同步问题的发生时,系统通过增加安全需求中定义的强度并通过这个新的强度为其选择一个安全配置,最终用这个安全规则来为应用提供安全服务。系统在链路层提供了一些基本的保护,但是这种安全保护并不能保证更新包源节点的合法性。无线传感器网络中更新包通常来自基站,因此为了保证数据包来自基站,需要对更新包进行实体认证。可采用的方法如 RSA 和 ECC 或者其他的实体认证方法。另外,为了避免安全服务管理部出现解析异常(安全配置指明了一个系统中没有定义的安全服务组件),还需要对安全配置的内容进行验证。

　　安全配置更新操作包括对安全配置进行删除、插入和替换等。更新包中的标志位用来区分不同的操作。由于插入和替换更新包的内容相同,这两种操作的更新包可以合并为一种,让系统来区分不同的操作。因此可以用 1 位来标记不同的操作。当系统中存在这条安全配置的时候就对其进行替换,否则就插入这条安全配置。由于每个更新包可以包含多条安全配置更新信息,这里将每条更新信息称为一个更新单位(如删除操作每个单位的内容只需包含安全配置的索引值即可),安全配置更新数据包定义如表 6-5 所示。

表 6-5　安全配置更新数据包定义

操作	位标志(bit)	单位总数(bit)	单位长度	单位内容
删除	0	7	1	安全配置索引值
插入替换	1	7	4	安全配置索引值、加密组件、MAC 或 Hash 组件、版本号

　　动态配置安全机制的关键技术包括安全组件实现、安全规则协调、安全服务实施和安全配置更新 4 部分。这 4 部分是系统实现的基础。安全服务组件构成了动态安全服务的最基本的组件。安全规则协调是系统进行重配置的基础。安全服务实施子系统是安全服务具体的实施者。通过安全配置更新可以增强系统的可重配置性。

6.2.3　认证与访问控制

　　认证指使用者采用某种方式来"证明"自己确实是自己宣称的某人,网络中的认证主要包括身份认证和消息认证。身份认证可以使通信双方确信对方的身份并交换会话密钥。消息认证中主要是接收方希望能够保证其接收的消息确实来自真正的发送方。

　　在物联网的认证过程中,传感网的认证机制是重要的研究部分,无线传感器网络中的认证技术主要包括基于轻量级公钥的认证技术、预共享密钥的认证技术、随机密钥预分布的认证技术、利用辅助信息的认证、基于单向散列函数的认证等。

　　访问控制是对用户合法使用资源的认证和控制,目前信息系统的访问控制主要是基于角色的访问控制机制(Role-based Access Control,RBAC)及其扩展模型。RBAC 机制主要由 Sandhu 于 1996 年提出的基本模型 RBAC96 构成，一个用户先由系统分配一个角色，如管理员、普通用户等，登录系统后，根据用户的角色所设置的访问策略实现对资源的访问，显然，同样的角色可以访问同样的资源。RBAC 机制是基于互联网的 OA 系统、银行系统、网上商店等系统的访问控制方法，是基于用户的。对物联网而言，末端是感知网络，可能是一个感知节点或一个物体，采用用户角色的形式进行资源的控制显得不够灵活，一是本身基于角色的访问控制在分布式的网络环境中已呈现出不相适应的地方，如对具有时间约束资源的访问控制，访问控制的多层次适应性等方面需要进一步探讨；二是节点不是用户，是各类传感器或其他设备，且种类繁多，基于角色的访问控制机制中角色类型无法一一对应这些节点，因此，使 RBAC 机制难于实现；三是物联网表现的是信息的感知互动过程，包含了信息的处理、决策和控制等过程，特别是反向控制是物物互连的特征之一，资源的访问呈现动态性和多层次性，而 RBAC 机制中一旦用户被指定为某种角色，它的可访问资源就相对固定了。所以，寻求新的访问控制机制是物联网，也是互联网值得研究的问题。

基于属性的访问控制（Attribute-based Access Control，ABAC）是近几年研究的热点，如果将角色映射成用户的属性，可以构成 ABAC 与 RBAC 的对等关系，而属性的增加相对简单，同时基于属性的加密算法可以使 ABAC 得以实现。ABAC 方法的问题是对较少的属性来说，加密解密的效率较高，但随着属性数量的增加，加密的密文长度增加，使算法的实用性受到限制，目前有两个发展方向：基于密钥策略和基于密文策略，其目标就是改善基于属性加密算法的性能。

6.2.4　入侵检测

有关安全的研究和历史表明，不管在网络中采取多么先进的安全措施，攻击者总能够找到网络的弱点，实施攻击。单独使用预防技术，如加密、身份认证等，难以达到预期的安全目标。虽然这些技术可以降低网络被攻击的可能性，但是不能完全杜绝攻击，因此，安全的入侵检测方案也是不可或缺的。入侵检测系统（Intrusion Detection System，IDS）是近年来出现的新型网络安全技术，弥补了上述被动预防措施的不足，可以为网络安全提供实时的入侵检测及采取相应的保护。

入侵检测是从另一个角度来考虑无线传感器网络的安全问题。在密钥管理安全体系中，主要考虑到的是身份认证和密钥分布。物联网中的内部节点可能被捕获，这些节点的密钥可能被其他方获取。因此对这种类型攻击密钥和身份认证都不能解决。入侵检测则可用通过检测节点行为来隔离恶意的节点，从而保护无线传感器网络的正常运行。入侵检测也是无线传感器网络的一个研究热点。

1. 入侵检测过程

入侵检测的过程可以分为 3 个阶段，信息收集阶段、信息分析阶段及报警响应阶段。

1）信息收集

入侵检测的第一步就是信息收集，即从入侵检测系统的信息源中收集信息，需要收集的内容包括系统、网络、数据及用户活动的状态和行为等。而且，需要在计算机网络系统中的若干不同的关键点（不同网段和不同主机）收集信息。数据收集的范围越广，入侵检测系统的检测范围就越大。此外，从一个信息源收集到的信息可能看不出疑点，但从几个信息源收到的信息的额不一致性却可能是可行或入侵的最好标识。

2）信息分析

入侵检测系统从信息源中收集到的有关系统、网络、数据及用户的活动状态和行为等信息，其信息量是非常庞大的，在这些海量的信息中，对大部分都是正常的信息，而只有很少的一部分数据才能表征着入侵行为的发生，那么怎样才能从大量的信息中找到表征入侵行为的异常信息呢？这就需要对这些海量数据进行分析挖掘。可见，信息分析是入侵检测过程中的核心环节，没有信息分析功能，入侵检测也就无从谈起。

入侵检测信息分析方法很多，如模式匹配、统计分析、完整性分析等。每种方法都有各自的优缺点，也都有各自的应用对象和范围。

3）报警响应

当一个攻击企图或异常事件被检测到后，入侵检测系统就应该根据攻击或事件的类型或性质，做出相应的告警与响应，即通知管理员系统存在遭受不良行为的入侵，或者采取一定的措施阻止入侵行为的继续。常见的报警响应方式如下：自动终止攻击、终止用户连接、禁止用户账号、重新配置防火墙阻塞攻击的源地址、向管理控制台发出警告指出事件的发生、执行一个用户自定义程序。

2. 信任模型与入侵检测

所谓信任模型是指通过节点本身及与其他节点交互的历史来建立量化体系，以信任值度量节点的可信程度。可利用具有较高信任度的节点来交替的监测传感网内的其他节点。首先对每个节点预设 IDS，然后在系统运行过程中根据建立的信任模型，部分激活信任度较高的节点来执行检测，并根据系统运行状态灵活选择后续激活节点。这种方式降低了簇内所有节点一直处于唤醒状态造成的巨大能量开销，同时也屏蔽了恶意节点故意产生的虚假报警信息。

入侵检测目的并不仅仅是要发现入侵，更重要的是要在发现入侵时能够及时地反映。因为无线传感器本身比较脆弱再加上各种资源受限、工作环境恶劣等特点使其生命非常有限，恶意的攻击可能造成网络死亡，因此对攻击采取必要的遏制措施比单纯地发现攻击更加重要。其中，有效的响应机制包括：切断与恶意节点的通信、通知更新通信密钥、重新进行身份节点的认证或者通知基站采取认为干预等。

报警响应按照收到报警信息节点的身份不同可分为不同情况，例如，一个节点 X 检测到了入侵，只会向曾经挑选它为检测节点的前任高信任度检测节点 A 发送报警消息。当一个节点 A 曾经是上一任的检测节点，并且其选择的节点 X 还是当前的有效检测节点时，它收到报警信息后会先检查这条单播报警是否是刚才自己挑选出来的，如果是就会向其邻居节点中信任级别为信任的及不确定的节点广播该报警，并把这个节点从路由表中删去，切除与这个恶意节点的通信，否则丢弃。

如果一个节点只是报警广播消息的普通中间节点，那么它收到报警信息后首先会查询自己的信任表，如果消息来源于一个可信节点那么就向其他可信及不确定节点广播出去，否则自动忽略，这种报警响应机制可以有效地抑制虚假报警信息在簇内的传播。从而降低了检测模型的虚警率。这种报警机制可以使真实的报警信息快速地传递地各个可信节点，使各个节点能够对恶意节点迅速隔离，保证了整个网络的安全性。同时也对没有检测资格的节点报警进行了处理。图 6-2 为该过程的示意图。

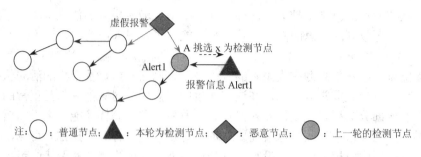

图 6-2　报警信息传播方式

6.2.5　共享网络攻击

在针对无线传感器网络的攻击技术中，欺诈攻击是一个重要部分之一。从各种网络攻击和由它们造成的损害来看，欺诈攻击是一种简单但有效的攻击方法。通过拒绝连接服务导致破坏正常系统性的操作，这样致使网络系统无法正常运转。在无线传感器网络（WSN）的攻击技术中，拒绝服务攻击（DoS）是一种简单而有效的攻击方式。

1. DoS 攻击

DoS 攻击就是攻击者采用某种手段，使得服务器不能向合法用户提供正常服务。其直接目的就是干扰目标的服务访问，破坏系统的正常运行，最终使其网络连接和服务失效或瘫痪。

最基本的 DoS 攻击就是利用合理的服务请求来占用过多的服务资源，从而使其他合法用户无法得到服务。一个简单的 DoS 攻击基本过程如下：首先攻击者向服务器发送众多的带有虚假地址的请求，服务器发送回复信号后等待回传信息，由于地址是伪造的，所以服务器一直等不到回传的消息，分配给这次请求的资源就始终没有被释放。当服务器等待一定的时间后，连接会因超时而被切断，攻击者会再度传送新一批请求，在这种反复发送伪地址请求的情况下，服务资源最终被耗尽，从而使其瘫痪或崩溃。

由图 6-3 所示的通信模型分析可知：报文传输时通信双方均需分配一定的数据缓冲区、CPU 处理周期并记录处理控制状态，一般消耗等量资源随传输速度提高，必然资源循环调度规模增大，若存在设计缺陷或传输瓶颈，报文过载时因资源循环失衡导致传输暂停或崩溃形成 DoS 攻击。由于原理简单且源于正常报文传输，所以任何传输弱点均可因为过载而产生处理异常成为 DoS 攻击目标，问题的关键是通过控制过载防御 DoS 攻击。

图 6-3　通信模型

2. 基于网络 Dos 攻击手法及防御

DoS 攻击的方法很多，它能在物理层、数据链路层、网络层及传输层被执行。攻击者所采用的手段一般有两种，一种是耗尽被攻击系统的可用资源，另一种是耗尽其网络带宽。常见基于网络的 DoS 攻击手法主要为 SYN Flooding 攻击和 Teardrop 攻击。

SYN Flooding 攻击是用"合理"的服务请求来占用过多的服务资源，这些服务资源包括网络带宽，文件系统空间容量、开放的进程或者向内的连接，致使服务超载无法响应其他的请求。

为了避免主机遭受 SYN Flooding 攻击，有 3 种解决方法。

（1）限制来自同一源地址的连接请求数量。来自同一 IP 地址的 TCP SYN 包的请求数量，要限制在一个预设的积压队列百分比的范围之内，若超过了这一百分比，这些 SYN 包的请求将被拒绝。

（2）计算平均队列延时。在一段时间内，对于所有请求连接的源地址，主机将观察并计算它在积压队列中的平均队列延时，如果来自于某个源地址的队列延时明显超过其正常值，就怀疑它正进行 SYN Flooding 攻击，将拒绝来自于该地址的所有连接请求。过一段时间后，再接收来自于该地址的连接请求。

（3）无论何时，如果积压队列满，则丢弃在队列中等待时间最长的那个连接请求。

Teardrop 攻击利用的是 TCP/IP 中对于 IP 分片重组处理过程中的漏洞而产生的。

物理层一般要限制每次发送数据帧的最大长度，任何时候 IP 层接收到一份要发送的 IP 数据包时，都要判断向哪个端口发送数据，并查询该端口获得它的 MTU。IP 把 MTU 与数据包长度进行比较，若需要则进行分片。把一份 IP 数据包分片以后，只有到达目的地才进行重新组装。但在未打补丁的 Linux 和 UNIX 的 IP 包重组过程中有一个严重的漏洞。

目前为了避免遭受这种攻击，需要将系统补丁的版本及时升级。

3. 基于多点能耗的 DoS 攻击方法

当传感器节点工作时，大多数能量被消耗在数据传输。在被消耗的能量中数据处理器所消耗的能量只占一小部分，在发送状态的能量消耗最大，接收和空闲状态所消耗的能量接近，略少于发送状态的能量消耗，在睡眠状态的能量消耗最少。为最大化传感节点提供服务的生命周期，设计者让节点在需要通信时进入睡眠状态以节省能量。

多点能耗攻击是在数据链路层使用的一种攻击手段。这种攻击方法极具隐蔽性与破坏性。多节点能量消耗攻击是利用多个节点实施同样的攻击，以便有效地提高攻击效率，其更具破坏性。利用无线传感器网络的多跳路由机制实施攻击，当一个节点距另一个节点比较远时，数据要经过多次跳转后才能到达目的节点，这就能被攻击者所利用。

图 6-4 显示了两个攻击节点的实例来说明其原理。假设节点 A 和节点 B 是两个攻击节点，节点 C 和节点 D 是两个普通节点，在初始阶段，节点 A 将以广播的方式发现另一个攻击节点，其通过数据包中的一些标志位进行识别。在这里假设节点 A 已发现另一个攻击节点 B，节点 A 从节点 B 处收到应答后，它将继续向节点 B 发送数据，但此时节点 A 不直接向节点 B 发送数据，而是通过距节点 A 较近的节点 C，由节点 C 向前传送数据，最后到达节点 B。这是假定节点 A 距节点 B 较远，并在它们之间有多个跳转节点，在节点 A 发送数据的同时，节点 B 也向节点 A 发送数据，如果节点 A 和节点 B 持续地发送数据，那么沿节点 A 到节点 B 路径上的所有节点将不断地进行转发工作，这样其就达到了消耗节点能量的目的。

攻击发生可能会导致如下问题：

1）节点能量消耗

从前面的描述得知攻击节点将持续不断地发送数据，以便消耗掉被攻击节点的能量，在攻击时它的能量也被严重消耗，所以这种攻击不可能持续较长的时间。然而，通过攻击和被攻击节点能量消耗的对比，我们发现攻击节点只需要接收或发送数据，而被攻击节点必须同时进行接收和发送数据，其能量消耗是攻击节点的 2 倍。通常，攻击节点在其能量消耗尽之前结束攻击。

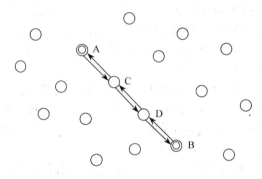

图 6-4　多节点能量消耗攻击方式

2）攻击实施条件

多点能耗攻击属于数据链路层的 DoS 攻击，其不需要处理复杂的路由协议，所以它实施攻击是很简单的。首先，攻击者应了解网络协议。通常，WSN 使用的是 IEEE 802.15.4 作为底层协议，所有上层协议是在此基础上开发的。其次，攻击节点应该连入网络。由于种种原因，无线传感器网络节点的数量频繁地发生变化，网络需要重构，而传感器节点又工作在开放环境中，因此攻击节点可以很容易连入网络。

为完成攻击，攻击节点只需以普通节点的身份连入网络，然后发送数据并发现其他攻击节点。由此可见，多点能耗攻击技术不是很高，相对容易实现。如果两个攻击节点在网络的两端，那么在沿着这条路径上的所有节点都将受到攻击，在坏的情况下当两个节点距离较近，并且在它们周围没有其他节点时，攻击将失败。在网络中有较多攻击节点的情况下，攻击节点 A 通过广播会发现其他攻击节点，当节点 A 将建立一个队列并储存其他攻击节点。由于消息机制中有消息生存时间参数，所以很容易确定的已发送消息的编号。攻击节点 A 可以选择一些通信跳数较远的节点并发送信息给它们，以便达到更好的攻击效果。如果攻击节点达到一定的数量且分布均匀，当它们之间相互发送消息时，在整个网络中的大部分节点将会受到攻击，网络的能量就会很快耗尽。

 习题

1. 物联网环境下网络安全面临的新挑战和新要求有哪些？
2. 针对物联网层次结构，各层需要提供的安全机制有哪些？
3. 物联网中密钥管理技术的特点和基本流程是怎样的？
4. 简述物联网中采用可配置的安全体系结构的优势和动态配置策略。
5. 物联网中的入侵检测过程和报警信息传播是如何进行的？
6. 简述物联网中 DoS 的检测方法和防御措施。

第7章 物联网网络管理

学习重点

通过本章介绍的内容,读者应了解物联网网络管理功能的划分,物联网网络管理涉及的功能域,重点学习和掌握物联网网络管理的方法。

作为一个全新的研究领域，物联网在基础理论和工程技术方面向科技工作者提出了大量挑战性的研究课题，其中一个重要研究课题就是物联网的网络管理。物联网将各种信息传感设备，如射频识别装置、红外感应器、全球定位系统、激光扫描器、家用电器、安防设备等与互联网结合起来形成一个巨大的网络，让所有物品与网络连接在一起，方便识别、管理和监控。对于这样一个庞大而复杂的网络系统，必须有一个可靠、有效、灵活且便利的管理系统作为它正常运行的有力保障。网络管理作为一种共性支撑技术，不仅包括了现有网络管理功能，还应有物联网特有的管理功能。

7.1　网络管理功能划分

1．OSI 网络管理框架

国际标准化组织在 OSI 的网络管理框架中，将网络管理功能划分为 5 个功能域，每个功能域分别完成不同的网络管理功能。由于传感器网络的特点，对网络管理的内容与国际标准化组织规定的 5 个方面来比，又有了新的改变。具体如下：

1）故障管理

故障管理是传感器网络管理中最基本的功能之一，为了维持复杂传感器网络的正常操作，传感器网络管理系统需要检测、隔离并修正网络的运行故障。当传感器网络出现故障的时候，网络管理系统必须能够迅速定位故障发生的位置、分析故障产生的原因，并且尽快采取应对措施。

2）配置管理

传感器网络由许多不同的节点集中部署在一个地方，形成一定的网络逻辑机构，例如，簇等。各种节点的参数、状态信息及节点 ID 的分配需要有一定的适应要求，配置管理负责监控和管理整个网络的配置状态，这既与网络的初始化和关闭工作相关，也与维护、添加、更新网络传感节点的状态及网络节点之间的关系相关。配置管理由一组定义、监控、收集和修改传感节点的配置信息的功能所组成。

3）性能管理

通信网络由许多功能通信节点组成，节点之间相互通信并且共享数据和资源。网络管理员希望知道传感网络应用的响应时间及节点监测的可靠性信息，网络管理员则需要网络的性能统计数据作为依据来计划、管理和维护传感器网络。性能管理对这些需求提供支持，其主要工作是监控、控制、调整网络的运行性能，使其达到最佳状态。传感器网络往往都面向一定的应用，需要节点根据这一应用的特点来做出合理的性能管理方案。

4）安全管理

安全管理必然需要系统中有安全方面的设计，通常是传感网内节点之间的密钥管理分配和分级的安全等级等，通过信息加密和安全等级上的认证，以保护系统资源和用户信息的不被窃取或者篡改。这种设计应该只对传感网内的节点有效，安全设计的本身也需要是安全的。一般来说，安全管理在提供信息保护设计和访问控制等级时，一方面要保证网络资源不被非法使用和篡改，另一方面要保证网络管理系统本身不被非法访问。同时，系统的安全管理的设计时，不能导致系统内过大的开销。

5）能量管理

能量管理要负责控制节点对能量的使用和消耗。为了延长网络存活时间，必须合理有效地利用能源。传感器节点的主要任务是数据采集、数据处理和数据传输，因此能源消耗主要集中在两方面：计算功耗和通信功耗。前者用于数据采集和预处理，后者用于节点间的数据通信。合理的能量管理要充分考虑这两方面的能量损耗，设计恰当的方案管理能源。

6）拓扑管理

由于无线传感器网络的节点密度远大于普通的自组织网络，网络中每个节点的无线信号将覆盖大量的节点，造成无线信号冲突频繁，影响节点的无线通信质量。从网络拓扑上看，由于存在大量可直接通信的节点，网络的拓扑信息量大，路由计算复杂，浪费了有限的计算资源。同时频繁的通信失败使得通信部件的能量消耗急剧增加，降低网络的生命期。拓扑控制的目标应该是：通过控制节点的传输范围，在保证一定的网络连通质量和覆盖质量的前提下，以延长网络的生命期为主要目标，兼顾负载均衡、网络延迟、简单性、可靠性、可扩展性等其他性能，形成一个优化的网络拓扑结构。将网络管理的内容与传感网的协议栈综合考虑，具有如下二维结构，即横向的通信协议层和纵向的传感器网络管理面，通信协议层可以划分为物理层、链路层、网络层、传输层、应用层，而网络管理面则可以划分为能量管理面、故障管理及任务管理面。管理面的存在主要是用于协调不同层次的功能以求在能耗管理、故障管理和配置管理方面获得综合考虑的最优设计。

2. 物联网网络管理要求

为了方便、快捷、高效地开展物联网业务，更好地为公众和行业用户提供物联网服务，需要对接入网、传送网和核心网的各种物联网业务提供能力进行管理，包括物联网业务能力的配置、性能监测、故障管理、远程控制等。

物联网业务能力的配置如下：

在接入网、传送网和核心网相关网元设备中对物联网应用相关能力进行配置，如 VPN、带宽、QoS 属性、计费策略、备用路由、接入方式、地址分配、数据安全加密保护等。

物联网业务承载能力及基本业务需求如下：

（1）接入的广覆盖与多样性为满足物联网无处不在的接入需求，接入网络应具备地域上的广泛覆盖性和多样化的接入方式。2G/3G 移动网络能很好地满足各种物联网终端接入场景下的移动性需求，但是在数据传输的稳定性、实时性、可靠性、高带宽性等方面存在不足，无法满足某些物联网应用的需求；而固网宽带具有链路质量稳定可靠、高容量的带宽资源、良好的传输实时性等优势，恰恰能够弥补这种不足。根据不同的应用场景，选择合适的通信接入模式，将有线网络、无线蜂窝网、传感网 3 种通信方式有机融合起来，满足物联网应用的按需接入网络。

（2）QoS 能力网络应具备根据物联网业务类型、用户类别等设置不同服务级别的能力，以提供相应级别服务。并支持能够根据物联网应用特点动态调整服务级别的能力。支撑物联网业务的传输网络的丢包和时延性能指标应符合 YD/T 1171—2001《IP 网络技术要求——网络性能参数与指标》中规定的 1 级（交互式）QoS 等级，丢报率上限不超过 1×10^{-3}；网络时延上限值为 400 ms；时延抖动上限值为 50 ms。

① 性能监测：对物联网业务的承载网络性能进行端到端的监测，如链路的连通性、链路的误码特性；网络设备 CPU 利用率、内存利用率、设备运行状况；终端拨号接入网络的呼叫性能数据，如并发连接数、接入成功率；业务流的延时、抖动、丢包情况等。

② 故障管理：对网络中的网元、链路进行实时监测，发现故障能及时告警，并能进行远程诊断、故障定位及故障恢复操作。

③ 远程控制：物联网终端的一个显著特征是无人在现场对终端进行干预和值守。当物联网终端不存在电路域的通信方式，只能通过分组域进行通信时，网管需要提供对此类物联网终端的远程控制机制，在 IP 不可达时，仍能实现对终端的远程接入或断开网络。

7.2　物联网网络管理

7.2.1　物联网配置管理

物联网的配置管理包含了对现有网络（接入网、核心网等）的配置管理，同时根据物联网自身的特点，还有它特有的一些功能需求。物联网的终端数量非常庞大，还可以自身通过不同的方式（预配置、自组织等）灵活的组成很多区域子网，也称为毛细管网。很多个这样的毛细管网通过网关接入到电信网络中，为上层的应用来提供服务。显然，在这样一个分布式的网络中，为每一个物联网终端设备分配一个可管理的地址（例如，IP 地址），让管理平台直接管理到每一个终端并不是解决问题的唯一途径。物联网网关以下的区域子网内部可以有自己的地址识别机制和私有的管理协议，网关作为区域子网的中心控制器自主完成部分网管的功能。管理平台通过对网关的管理，间接地得到整个末梢网络的状态，并对其进行管理。无论采用何种管理方式和管理协议，物联网的配置管理都应该具备以下一些功能：

1．生命周期管理

生命周期管理是指管理系统通过周期性发送某种协议报文给所有的终端和网关，通过对端的回复来判断被管理对象的状态，例如是否在线、是否激活、是否休眠、是否断电等。管理系统通过生命周期消息来确认终端和网关的状态。终端和网关也可以定期向管理系统发送生命周期消息报告自己的状态。

2．能力信息上报

物联网网络中的终端和网关是多种多样、形态万千的，每个终端和网关都根据应用场景的不同，具备不同的功能和性能。因此，终端和网关向管理系统上报自己的能力信息十分必要。管理系统不仅要能对不同类型的网关设备和终端设备的能力、性能等静态信息进行记录和查询，还应能对不同类型的网关设备和终端设备的位置、状态、可用性等动态信息进行监控和查询，并且将动态信息和被管理对象关联起来。

3．即插即用

物联网区域子网的网元和网络的末梢设备应尽可能使用"即插即用"的配置方式获得网络连接，特别是对于用户自己动手进行业务安装的设备，这一功能非常的实用。"即插即用"使得设备能够独立地完成网络配置，而不需要借助其他的辅助设备（如个人计算机等）。这一简化网络配置的过程，提高了网络部署的效率，进一步推动了物联网设备的应用。

4．区域子网的自动配置

区域子网中的传感器节点、控制器节点应具备本地的自测试能力，不需借助外部设备就能够确定通信连通性和自身的运行情况。区域子网中的设备可能散落在不同的地方，位于不同位置的多个设备可能同时在进行初始的安装。自测试的能力能够保证这些设备在自配置的时候能够无缝地融合成完整的系统，以完成区域子网的自动配置。

5．区域子网的网络连接

为了增加区域子网的可靠性或是性能，可以适当地添加和安置一些节点。当区域子网中有新设备加入或是有节点断电时，网络应具备自动修复连通性的能力。管理系统需要能够定位网络拓扑的变化。物联网系统中的部分节点出现故障时，也不影响整个网络的正常运行。

6．时间同步和时钟管理

在物联网系统中，经常会出现多个物联网设备在某一个精确的时间完成某个动作的情况。例如，休眠的设备，为了维持有效的网络连接，必须以某个特定的周期发送生命周期消息。因此，在一个足够大的物理区域范围内，物联网系统的时间同步至少应达到毫秒级甚至更高的精度。这就要求管理系统应能提供精确的、可靠的时间同步功能。在欧洲电信标准化协会（ETSI）的标准草案中，物联网网络中的所有时钟使用国际协调时间（UTC），并根据 UTC 进行校准。如果需要，事件的时间可以显示为本地时间，但事件的时间顺序必须是唯一确定的。

7．其他管理

为了方便物联网应用供应商提供的业务，以及运营商对网络的有效管理，配置管理还应包含其他一些物联网特有的功能，例如，对系统的安全软件和防火墙等功能进行配置、对物联网应用的签约用户信息进行管理、针对具体的物联网应用的管理等。

7.2.2 物联网故障管理

与物联网配置管理相类似，物联网系统的故障管理除了包含对电信网络的性能监测和故障定位之外，也应根据物联网的特点和需求，进行优化和扩展。这一部分主要是对物联网区域子网的性能监测和故障诊断，并上报给管理系统。这些故障管理功能包括如下内容：

1．可靠性监测

为了预防故障的发生，确保系统能够可靠地运行，物联网的网关、设备及与网络连接相关的功能实体都应主动进行性能监测，及时地修正错误。

2．诊断模式

诊断模式是一种非正常工作的调测模式，能够提供系统和网络的附加信息。通过物联网系统或其中的某些部分配置为诊断模式，能够帮助系统对出现的故障进行诊断。物联网系统也能通过这样的方式来验证物联网业务和应用的机能是否良好。

3．中心控制器的连通性测试

当某个物联网应用需要运行在更大的物理区域时，管理系统可以提供特定的时隙，对某个或某些中心控制器的连通性进行测试。发起测试的可以是某个应用，也可以是中心控制器，或是在部分物联网区域子网的网络连通性不明确的情况下，由某个事件来启动中心控制器连通性的测试。

4．故障发现和报告

中心控制器的运行状态必须是可监控、可管理的。当异常状况出现时，中心控制器能够在特定的时隙向管理系统报告。

5．通过远程管理进行故障恢复

物联网设备可能会被放置在野外工作较长时间，或是位于一些人迹罕至的地方或是对于人类是危险的场所，人很难直接介入到这类设备的运行。由于物联网系统中通常都规划了大量的物联网设备，当这些设备发生了故障时，如果能够对其进行远程管理将延长其服务期。故障可能是多种多样的，例如由于严格的环境导致系统出现失误、安全入侵等。发生故障的物联网设备通过远程管理的方式来进行某些补救。例如，通过连接到一个安全的管理服务器以获得固件的升级和更新，更新结束后，设备可以自动重启，恢复到一个正常的工作状态。因此，在物联网系统中的设备出现故障时，管理系统对设备进行远程的诊断、恢复、复位或隔离等操作是十分必要的。

物联网的管理系统可以看做是在现有电信网络的基础上，为适应加入的末梢网络而进行的优化和扩展。物联网系统的末梢网络是多种多样的，可以是基于 RFID 的物流系统，基于 ZigBee 的传感器网络，或者是基于近距离通信的其他应用。不同类型的设备，其管理层的协议栈也千差万别。对于一个区域子网而言，它的管理协议可以是开放的，也可以是私有的，但对于管理系统的功能而言，存在着共同的需求。随着物联网的进一步发展和逐步成熟，更多的应用会被开发出来，作为重要保障的网管系统，也必将在这一进程中逐步优化、完善，为庞大而复杂的物联网系统提供可靠而灵活、便利的支撑。

7.2.3　物联网性能管理

本节主要讨论传感网性能管理。网络管理与网络本身息息相关，传感网管理有一些特殊的需求。与其他的无线网络相比，传感网有着不同的网络结构和需求。无线传感器网络是多跳的，每个节点都可以作为路由器使用进行路径的存储。传感器网络的流量有相对静态的特性，从传感器节点到汇聚节点的数据流远大于反方向的流量。另外，传感器网络的主要目标在于尽量降低系统功耗，延长网络的生命周期，它的节点通常运行在人无法接近的恶劣或者危险的远程环境中，更换电池是非常困难的（甚至是不可能的）。因此，能量消耗成了通信连接性能好坏、网络运行周期长短的主要决定因素，设计耗能少、生命周期长的管理方法成为无线传感器网网络管理的核心问题。

无线传感器网络的管理旨在提供一个一体化的管理机制，有效地监视和控制远程的环境或被管实体，以较少的耗能对网络的资源配置、性能、故障、安全和通信进行统一的管理和维护。为了实现这个目的，对无线传感器网络进行管理时，要遵循以下原则：

（1）高效率的通信机制。无线传感器网络采用的是无线通信方式，节点之间的通信链路不稳定、带宽有限。因此，减少信息传输过程中的负担，平衡各节点之间的负载，防止网络拥塞的发生，就要求选择的通信和监控协议更符合无线传感器网络的需求。

（2）轻量型的结构。无线传感器网络的资源有限，节点的处理能力比较弱，能源更换困难，这些特性使得在设计管理体系结构时，尽量考虑使用裁减后的轻量型结构。

（3）智能的、灵活的机制。

无线传感器网络的拓扑可能由于节点的移动或节点能量的耗尽而发生变化，管理的体系应当能够及时准确地掌握这些变化，调整资源分配、路由等一系列的方法，使其更适应网络当前的情况。

（4）安全、稳定的环境。管理体系结构必须确保节点之间的管理信息和数据进行安全交换，因此管理体系结构应设置一定的安全保证机制。

1．传感网性能管理概念

所谓网络性能管理就是通过收集网络适当的参数（实时的或历史的统计数据）来分析当前网络的运行情况。要完成性能管理，首先要根据网络需求选择合适的软硬件，然后测试出这些设备的最大潜能并在运行过程中进行监测。性能管理与故障管理相互依存，密不可分，性能管理被看做故障管理的系统延续。虽然故障管理负责分布式系统的运转，这还不能够满足性能管理的目标，性能管理要求系统总体上运转良好，这要求网络性能管理必须首先解决"良好"的定义问题。QoS 是在服务提供者和用户之间传递接口信息的典型机制，描述接口的方式如下：

（1）服务和服务类型（如确定的、静态的或最大可能性的）的规格参数。

（2）相关 QoS 参数的描述（如可计量的值，包括可用值、平均值和限制值）。

（3）监视操作（如有关度量方法的信息、度量的选项、度量的值和度量报告的规格参数）的规格参数。

（4）对前述的 QoS 参数变化的反映描述。

不同于传统互联网，无线传感器网络是涵盖了数据的感知、处理和传输功能并面向应用的任务型网络，其 QoS 参数除了包括一系列传统的性能参数，还涉及能耗开销、网络生存周期、覆盖度、连通度等更为广泛的 QoS 指标。因此传统网络的 QoS 体系结构并不直接适用于无线传感器网络。

另一方面，作为一种面向应用的任务型网络，不同的应用需求使得无线传感器网络 QoS 保障技术更为复杂。在无线传感器网络中，基本应用类型包括事件驱动、时间驱动（周期性报告）和查询驱动的应用三类。事件驱动的应用关注实时性和可靠性，数据流量具有一定的突发性；时间驱动的应用常用于预定义速率的应用场景，若传输实时数据（如图像或视频），则关注传输延迟和吞吐率，若传输非实时数据（如温度或湿度），则更关注可靠性，查询驱动的应用常用于交互式场景，对数据传输强调及时性和可靠性。

2．性能管理各指标评测方法

运营网络的稳定性、可靠性和 QoS 保证是用户最主要的要求，这也是网络管理关注的目标。然而，从网络性能的评价，到参数的提取、处理、分析，进而到准确地报告网络运行状态或分析出网络故障，即使对于经验丰富的网络专家也不是一件容易的工作。一个好的网络性能监测系统的体系结构应当最大程度地支持这些过程的自动化，具有如下特点：

（1）由网络管理员确定网络性能度量参数。这些 QoS 参数的确定应当充分考虑到能够被用户所接受，并且易于从网络中提取。

（2）确定网络中或网络边界被测量对象。

（3）系统能够根据配置的测量对象自动从网络中提取相关性能参数，监视性能瓶颈，并能存储这些参数。

（4）系统能够根据获取的性能参数对网络性能进行自动分析，在性能恶化或故障出现之前进行预测；或在故障出现时进行报警和故障定位；或能根据需要进行其他性能分析，如进行趋势分析等。

（5）系统自动形成定量的性能评价报告，并能对所监测性能事件（如阻断、往返时延 RTT 数值过大等）给出事件详细列表。

（6）从根据定义的网络性能参数配置监测对象，到提取性能参数、分析网络性能、评价网络性能，再到返回配置监测对象（或定义网络性能参数），应当形成一个闭环信息链，以最大限度降低网管人员的干预。

网络测量通过收集分组活动数据或记录分组踪迹，以反映不同的网络应用在网络中的分组活动情况。网络测量有多种方式，如被动测量、主动测量、协同测量，如图 7-1 所示。所谓被动测量是通过观察网络流（一个网络流可定义为特定时间范围内的特定源和目的地址之间的分组序列）进行的，它不会干扰网络。

由于该方法需要许多专用设备分布于网络特定位置，因此网络性能参数的提取通常不采用该方式。主动测量通过向网络注入测量报文，并观察产生的结果进行。该方式通常具有端到端的特点，即测量报文受到某路径上的各元素的综合影响。

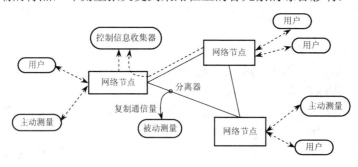

图 7-1　网络性能测量的 3 种方式

3. 传感器网络性能管理指标体系

为了全面了解网络及业务的运行状况，首先必须要考虑测量什么内容才能反映网络性能状况。在网络领域，存在着一些与网络性能和可靠性相关的量，我们非常关心它的确切值。如果这个量被明确定义，就称为指标。网络性能指标是描述网络性能的有效参数，反映了网络某一物理或逻辑组件的特征，能让网络用户和网络服务提供者对网络性能和可靠性有一个准确的共识。网络性能评价指标的定义是网络测量最基本的工作。目前描述网络性能的参数较多，结合获取这些参数的技术，认为以下的性能参数较为重要。

（1）能量开销：无线传感器网络是一种以数据为中心的网络，对感知数据的管理、处理和传输是其主要的能耗来源。同时由于在无线传感器网络中数据包传输占据了主要的能量开销，因此包括数据的压缩、聚合（Aggregation）和融合（Fusion）等各种技术被广泛应用以降低整个网络的能量开销。

（2）覆盖程度：至少能被一个传感器监控到的区域比例。

（3）无线传感器网络的时间同步：指使网络中所有或部分节点拥有相同的时间基准，即不同节点保持相同的时钟，或者节点可以彼此将对方的时钟转换为本地时钟。造成传感器网络节点间时钟不一致的因素主要包括温度、压力、电源电压等外界环境变化引起的时钟频率漂移造成的失步，我们定义时钟同步精确度，即网络中时钟同步信息的最大误差作为衡量指标。

（4）生命周期：传感器网络的生命周期是指网络启动到不能为观察者提供需要的信息为止所持续的时间。通常需要最大化网络的生命周期。

（5）信息完整性：信息完整性定义为在无线传感器网络中目标区域的事件能被成功检测的概率。例如，在一个森林环境检测系统中，整个覆盖范围内的空气温度、湿度都属于应该能被及时检测的内容，不准确的漏检将带来极大的危害。

（6）带宽（Bandwidth）：网络中连接两个节点间的路径带宽指这条路径所能传输数据的最大速率，它的值通常由该路径上的传输速度最慢的链路所决定。如果不存在背景流量，也即是在物理设计上能够达到的最大数据传输速率，即所谓的瓶颈带宽；如果路径存在背景流量的情况下，特定应用可以实际使用的最大数据传输速率，则称为可利用带宽。带宽是衡量网络与应用性能最重要、最常见的指标之一，带宽测量方法一直以来都是研究的热点。

（7）连通性（Connectivity）：指在某时刻 T 或在某时间间隔（T，$T+\Delta t$）内，从源主机向目的主机发送某种类型数据报的可达性。由于端到端路径路由不一定对称，连通性又分为单向连通性（Unidirectional Connectivity）和往返连通性（Bidirectional Connectivity）。连通性是描述网络可用性与可靠性最基本的指标，也是网络提供各种上层服务最基本的前提条件。

（8）丢包率（Packet Loss Rate）：发送出去但没有收到响应的分组个数，在所有发送出去的分组中所占的比例。分组需要在路由器中进行排队以等待处理，如果队列满了，那么分组就会被丢弃。所以一旦发生了分组丢失，就预示其中某段链路拥塞或设备故障。

（9）时延抖动（Jitter）：分组从源节点到目的节点相继分组到达时间的变化量。

（10）休眠机制：传感器网络中通常布设大量的传感器节点，为了克服所有节点同时工作带来的冗余和冲突，设计合理的休眠机制，让暂时不需要工作的节点尽快转入休眠，能够减少传感器网络的能量消耗。描述休眠机制的参数有休眠周期时间和休眠节点比例，但实质决定衡量休眠机制的是整个网络覆盖率和连通性。

4．传感网络性能管理典型架构

无线传感器网络的基本应用类型包括事件驱动、时间驱动（周期性报告）和查询驱动等多种复杂应用，不同的应用往往有不同的服务质量 QoS 需求（对应用户感知层的 QoS）。因此无线传感器网络中 QoS 保障研究的一大挑战是节点如何在资源有限的条件下协作，以满足用户提出的各种 QoS 请求。

已有的研究主要从协议机制的角度出发，并没有过多考虑资源有限的无线传感器网络中服务保障机制之间存在的制约关系，对如何进行资源管理缺乏系统性思考。运营网络的稳定性、可靠性和 QoS 保证是用户最主要的要求，这也是网络管理员关注的目标。

从网络性能的评价，到参数的提取、处理、分析，进而到准确地报告网络运行状态或分析出网络故障，如图 7-2 所示。

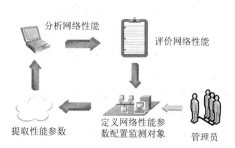

图 7-2　网络性能管理系统的工作过程

一个系统化的 QoS 体系结构中，网络系统还需要将 QoS 指标与其拥有的有效资源对应起来，通过资源分配和调度，完成用户的应用。当系统无法完全满足应用的服务需求，便需要进行 QoS 重协商以确定是否容忍降级的服务。在这个过程中，对资源的分配和调度是 QoS 体系结构的核心，也是 QoS 控制和管理机制研究的重点问题。常见的资源调度模式分为 3 种：集中式（Centralized）、层次式（Hierarchical）和分散式（Decentralized）。

（1）在集中式结构中，系统中所有资源均通过一个调度器进行调度，该调度器直接管理所有资源。其优点是部署简单、管理方便、具有联合分配资源的能力，缺点是可扩展性和容错性差，难以提供多个调度策略。

（2）在层次式结构中，系统中的资源通过多个调度器进行调度，这些调度器以分层次的方式进行组织。同集中式相比，层次式结构的可扩展性和容错性有所提高，不同层次的调度器可以采用不同的调度策略，同时保留了集中式方案的联合分配等优点。

（3）在分散式结构中，系统中的资源通过多个调度器进行调度，这些调度器处于平等地位。分散式结构的优点是可扩展性和容错性好，不同调度器可采用不同调度策略。但该结构也带来一些问题，调度器需要能够通过某些形式的资源发现或者资源交易协议进行相互协调，这些操作的开销将影响整个系统的可扩展性。

7.2.4　物联网安全管理

由于物联网网络的分散式体系结构、动态路由和拓扑特性，传统的接入认证、密钥分发和协商机制很难应用，因此必须建立物联网访问控制模型和认证体系。

传统的访问控制策略主要有自主访问控制（DAC）、强制访问控制（MAC）和基于角色的访问控制（RBAC）策略。然而由于物联网网络环境的特殊性，在此环境下，节点之间均无法确认彼此身份；其次，由于用户出于自身考虑，一般不愿意把自己的相关信息提供给对方，虽可采用匿名等方法来实现这种目的，但却增加了访问控制的难度；此外，在物联网网络环境下大量用户频繁进出网络，使得网络的拓扑频繁变化，也给访问控制带来复杂性。

建立物联网网络的访问控制策略，首先要建立物联网网络的信任管理模型，在信任模型的基础上给每个节点给出信任权重和可靠度，然后在这个基础上应用相应的访问控制策略。如何建立信任模型，这与网络的环境密切相关，主要是物联网网络节点的可用性、数据源的真实性、节点的匿名性和访问控制等方面的问题。

7.2.5　能量管理和拓扑管理

从分布式系统的角度来看，物联网节点数量众多，且包含能量和传输带宽高度受限的设备，如传感器节点。考虑到物联网终端存在能量与带宽等约束特性，为了以较低的能量开销来获得网络中的状态信息，需要在收集信息的过程中进行分布式信息处理。

从嵌入式系统的角度来看，物联网终端作为一种具有嵌入式特性的网络，其中部分节点设备是资源受限的嵌入式设备。这使得传统相对复杂的网络管理程序和协议不再适用于物联网应用。作为嵌入式系统，物联网每个受限节点的能量、计算资源、存储空间和传输带宽十分有限。传统网络监测日志、字符串形式的属性查询在此情况下均不适用。因此，有必要优化信息的表示与存储方式，简化通信协议从而将资源的消耗降至最低。

本节重点讨论传感网的能量管理和拓扑管理。当前，能量管理和拓扑控制均以最大限度地延长网络的生命期作为设计目标。

1．功率控制

功率控制即是为传感器节点选择合适的发射功率，从而在满足网络连通性要求下最小化能量代价，延长网络生命周期。传感器节点的传输功率通常可以控制并工作在数量有限的档位上。事实上，不同厂商生产的传感器节点有其不同的可用档位数，需要查询相应节点的参数值。功率控制即通过调整发射功率的档位，得到相应可调节的传输范围，从而改变网络的拓扑结构，实现网络通信性能和能量效率之间的折中。在理论分析上，功率控制通常建模为传输功率调节分配的问题，从而得到相应可调节的传输范围。目前针对功率控制的一些解决方案的基本思想都是根据网络通信性能要求，选择合适的发射功率来实现通信性能，如连通性和网络能量效率之间的折中，即在保证网络通信效率的前提下，最大化网络生命周期。

1）与路由协议结合的功率控制

采用跨层设计的思想，将物理层的功率控制与网络层节点路由选择，甚至 MAC 层的介质访问问题结合起来考虑，在节点选择下一跳节点时，同时也选择合适的发送功率，从而在保证网络路径的连通情况下，实现路由目标，如最小化节点跳数、能量消耗等。

2）基于节点度的功率控制

基于节点度算法的基本思想是：给定节点度的上限和下限，每个节点动态地调整自己的发射功率，使得节点的度数落在上限和下限之间。基于节点度的功率控制是在保证网络连通的基础上，减少网络中同时连通链路数而可能造成的数据碰撞和干扰等问题。

3）基于定向天线的功率控制

基于定向天线的功率控制基本思想是：节点 u 选择最小功率 p_u 使得在任何以 u 为中心的角度为 ρ 的锥形区域内至少有一个通信邻居。基于定向天线的算法需要可靠的天线方向选择信息，因而需要很好地解决到达角度问题，但由于节点需要配备多个定向天线，因而对传感器节点提出了较高的要求。

4）基于图论的功率控制

基于图论的功率控制将网络建模为无向图或有向图，并利用经典图论中的最小连通支配集、邻近图等为网络构建层次型拓扑结构，从而实现连通性和能量的折中。以基于邻近图的功率控制算法为例，设所有节点都使用最大发射功率发射时形成的拓扑图 G，按照一定的邻居判别条件求出该图的邻近图 G'，每个节点以自己所邻接的最远节点来确定发射功率。

2．睡眠调度

所谓睡眠调度就是根据网络拓扑、传输要求和能量要求，控制传感器节点在收发状态、空闲侦听状态和睡眠节能状态之间的转换，从而达到在满足通信性能要求下最小化能量消耗的目的。对于能量、通信能力和计算处理能力有限的传感器节点来说，无线通信模块在空闲侦听时的能量消耗与收发状态时相当，此外感知覆盖度和连通覆盖度的冗余也造成了能量的浪费。因此睡眠调度通过自适应的调整节点工作状态，在节点保证通信连通性和感知覆盖度等要求下，使节点进入睡眠状态，从而降低网络能量消耗，延长工作生命周期。这对于节点密集型和事件驱动型的传感器网络十分有效。睡眠调度与网络拓扑结构密切相关，通常配合一定的拓扑层次策略，例如，如果网络中的节点都具有相同的功能，扮演相同的角色，就称网络是非层次的或平面的拓扑结构；如果网络中的节点功能分为负责收集本地数据的簇头节点和一般节点，就称为是层次型的拓扑结构。层次型网络拓扑通常称为基于簇的网络拓扑。

1）平面拓扑网络的睡眠调度

平面网络拓扑中所有节点采集、传输数据的角色是一样的。平面拓扑网络的睡眠调度的基本思想是：每个节点根据节点能量和数据传输要求，本地控制自己在侦听、收发和睡眠状态之间自适应的转换。

2）层次拓扑网络的睡眠调度

层次网络拓扑中分为簇头节点和一般节点。一般节点在有事件产生时，负责本地数据采集并将数据发送到本地簇头节点。簇头节点负责本地数据的汇集和簇之间的数据通信。层次网络拓扑的睡眠调度的基本思想是：由簇头节点组成骨干网络，则其他节点就可以根据本地感知任务自适应的调度，在没有本地数据采集任务时，进入睡眠状态以节省能量。层次型网络睡眠调度需要构建在一定的分簇拓扑控制算法基础之上。

 习题

1．物联网网络管理面临的主要技术挑战和要求有哪些？
2．试述物联网性能管理各指标评测方法。
3．物联网性能管理的工作过程是怎样的？
4．物联网的故障管理包含哪些内容？
5．传感网拓扑控制的主要目标是什么？主要拓扑控制机制有哪些？

第8章 从互联网到物联网

学习重点

通过本章介绍的内容，读者应了解从互联网到物联网过渡的方法，IPv4到IPv6过渡需要解决的技术问题，重点学习和掌握IPv4到IPv6过渡过程中的地址分配和路由的基本技术。

互联网为人类带来了史无前例的革命,从以电子邮件和文件传输应用为主的第一代,到以网页浏览为主的万维网时代,再到多媒体应用的第三代,互联网是当前人类社会不可缺少的最大规模且快速高效低耗的信息基础设施。物联网最终可通过在互联网终端上安装电子标签读/写器和其他感应器等,使物体可实现自动信息交换,并通过网络传输实现档案信息管理,从而实现对物品的自动识别、跟踪和管理。也就是说,物联网可在互联网模式基础上,使被赋予"身份"的"物"具有信息交互的能力。从互联网到物联网,将会带来许多意想不到的效果。其最显著的特点是使物品的供应链具备智能,是使各种物品在生产、流通、消费的各个过程都具备智能,直至使智能遍及整个生态系统,这不仅可以提高管理的效率,更重要的是大大提高了物品和各种自然资源使用的效率。物联网是继计算机、互联网和移动通信之后的又一次信息产业的革命性发展。物联网是一种全新的网络,它以互联网为基础,以 RFID、传感器等技术作为推动力,如果说互联网实现人们"足不出户,可知天下事"的愿望,那么物联网则成就人们"足不出户,可做天下事"的梦想。物联网具有无可比拟的优势,因此人类社会从互联网到物联网的逐步过渡是不可抵挡的发展趋势。物联网的推广将会成为推进经济发展的又一个驱动器,为产业开拓了又一个潜力无穷的发展机会。可以预见,在"物联网"普及以后,用于动物、植物和机器、物品的传感器与电子标签及配套的接口装置的数量将大大超过手机的数量。按照目前对物联网的需求,在近年内就需要按亿计的传感器和电子标签,这将大大推进信息技术元件的生产,同时增加大量的就业机会。

要真正建立一个有效的物联网,有两个重要因素。一是规模性,只有具备了规模,才能使物品的智能发挥作用。例如,一个城市有 100 万辆汽车,如果只在 5 万辆汽车上装上智能系统,就不可能形成一个智能交通系统。二是流动性,物品通常都不是静止的,而是处于运动的状态,必须保持物品在运动状态,甚至高速运动状态下都能随时实现对话。无线网络是实现物联网必不可少的基础设施,安置在动物、植物、机器和物品上的电子介质产生的数字信号可随时随地通过无处不在的无线网络传送出去。"云计算"技术的运用,使数以亿计的各类物品实时动态管理变为可能。物联网的实现并不仅仅是一个技术方面的问题,建设物联网的过程中将涉及许多规划、管理、协调、合作等方面的问题,还涉及个人隐私保护等方面的问题。这就需要有一系列相应的配套政策和规范的制订和完善。

8.1 网络架构的过渡

在感知领域的另外一个术语就是传感器网络,它将大量、多种类传感器节点(传感、采集、处理、收发、网络于一体)组成自治的网络,实现对自然世界的动态协同感知。因此传感器网络是以感知为目的的物物互连网络。从用户或产业应用的角度也称为物联网,因此传感网和物联网的概念本质上是相同的。传感器网络是当前国内外备受关注的、由多学科高度交叉的新兴前沿研究热点领域,综合了传感器技术、嵌入式计算技术、现代网络及无线通信技术、分布式信息处理技术等,能够通过各类集成化的微型传感器协作地实时监测、感知和采集各种环境或监测对象的信息，通过嵌入式系统对信息进行处理，并通过自组织无线通信网络以多跳中继方式将所感知信息传送到用户终端。从而真正实现"无处不在的计算"理念，因此传感器网络被认为是将对 21 世纪产生巨大影响力的技术之一。同时随着现代网络技术的发展和传感网络本身技术的完善，传感网和承载网融合的概念逐步被提出，实现双网融合将使通信技术提高到更高的层面。传感器网络是电信网的神经末梢延伸，物联网是电信运营商成为综合信息服务提供商的必要组成部分。近期的重点是拓展物联网和电信宽带网络的融合，特别是与移动网络和下一代互联网络的融合。通过物联网采集更丰富、更全面的价值信息，开发新型业务，提升市场竞争力。

在物联网发展中，电信运营商建立并重点提供感知网络解决方案和平台服务，使客户的传感网络和电信网络进行融合，让客户更好地收集和使用实体信息。我国三大运营商均成为具有有线宽带网络和覆盖全国移动网的全业务运营商，发展物联网应用具有良好的基础网络优势，电信网络的边缘设备和终端也可以作为中层的汇聚节点及大容量传感节点，因此需要逐步升级相关网络边缘设备的规范，以规范物联网与电信网络的融合方案和接口。引导业界采用标准接口开发传感器产品。当前首要工作在于制定终端内感知功能实现规范，推动手机等通信终端成为具备通信、感知和处理的综合信息终端，增强用户黏度，推进物联网走向公众应用。

关于双网融合的思想，国内外学者专家提出了很多方法，研究方向也很广泛，传感器网与外部网络的互连技术，主要包括基于网关的方法和基于覆盖的方法两大类。基于网关的方法是进行异构网络连接的常用方式，但网关承担两个网络的流量汇聚和中断的责任，一旦网关失效，会导致双方网络无法连通。另外，距离网关较近的节点属于瓶颈节点，具有较大的转发压力，很容易因能量耗尽而失效。

8.1.1 基于应用层网关的方法

网关可以起到两种不同作用：① 作为转发节点，要求客户端首先向代理服务器注册相关的数据信息，代理负责在传感网和互联网的客户端之间转发数据；② 作为前端节点，主动收集来自传感网的信息及来自互联网的客户端向代理查询。不同网络之间的协议在应用层进行转换。该方法的优点是可为传感网等自由选择通信协议，其缺点是互联网用户不能直接访问特定传感器节点。

使用应用层网关作为网络接口实现传感网与互联网的互连。图 8-1 为物联网网关的典型结构，其中协议转换和控制层这一层的模块提供从感知网络到电信网络的协议转换，将协议适配层上传的标准格式的数据统一封装。将广域接入层下发的数据解包成标准格式数据；同时内建管理协议（例如，中国电信的 MDMP），实现与管理平台的协议对接，实现管理协议的解析并转换为感知层协议可以识别的信号和控制指令。

协议适配层定义标准的感知层接入标准接口，保证不同的感知层协议能够通过适配层变成格式统一的数据和信令。感知接入层实现不同感知网络的协议接入和解析，按照应用的场景既可以是某种特定的协议，也可以是某几种协议的组合，甚至可以通过外插模块实现多协议的扩展。

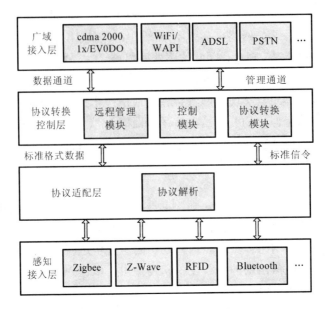

图 8-1　物联网网关典型结构

8.1.2　基于覆盖的方法

　　覆盖策略与网关策略最大的区别是没有明确的网关，协议之间的适配依赖于协议栈的修改。将传感网接入互联网存在两种基于覆盖的方法。

1. 互联网覆盖传感网

　　在所有传感器节点上实现 IP 协议栈的解决方案，此方法允许互联网用户直接访问拥有 IP 地址的传感器节点。但 IP 协议栈仅仅能够被部署在具有较强能力的传感网节点上，或将原有 IP 协议栈精简后再部署。如图 8-2 所示，在传感网的节点上，除了原有的协议模块之外，还需要增加一个 IPv6 的协议处理模块，以保证互联网的节点能以 IP 协议模式直接访问传感网节点。

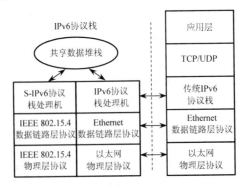

图 8-2　互联网覆盖 WSN 方式的分层结构

2. WSN 覆盖互联网

WSN 协议栈被部署在运行 TCP/IP 的主机上，互联网上的主机看做是虚拟传感器节点。互联网的主机能够直接与传感器节点进行通信。缺点是需要在互联网主机上部署额外的协议栈，节点对协议的处理工作量大，如图 8-3 所示。在传感网节点原来的协议基础上，附加一个 IPv6 的协议处理模块。

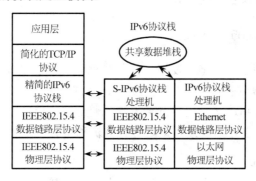

图 8-3　WSN 覆盖互联网方式的分层结构

8.1.3　基于虚拟 IP 的方法

基于虚拟 IP 地址的网关主要思想是，在传感网内部标志和传统互联网协议的 IP 地址之间建立一套协议转换机制。此方法将传感器节点 ID 的位置与网关的 IP 地址映射。对于传感网的节点而言，仅仅传感网对外的网关节点被分配 IP 地址，传感器节点只在子网内具备唯一的 ID，并没有 IP 地址。以节点或地理位置为标号，将传感网节点 ID 或地理位置信息向网关的 IP 地址进行映射。该 IP 地址并没有实际分配到传感器节点上，而只是存储在网关中，作为 Internet 用户访问传感网时提供的虚拟 IP 地址。数据包的传递包括两个过程：TCP/IP 网络数据包到传感网数据包的转换，传感网数据包到 TCP/IP 网络数据包的转换，如图 8-4 所示。

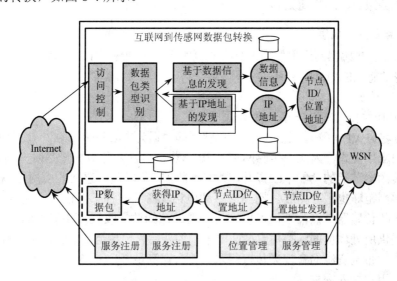

图 8-4　虚拟 IP 网关方式

该方法的优点是传感网节点能够被授权的用户或网络直接访问；传感网内部和外网

可以使用各自适合的网络协议而互不影响；充分利用了节点的 ID 号，而节省了宝贵的 IP 地址资源。缺点是它并没有完全做到与应用无关，协议也不是完全透明的；无法解决以数据为中心的路由协议互连问题。

8.1.4　基于业务分流的接入架构

随着互联网和各种业务的迅猛发展，尤其是视频、语音等多媒体通信业务的高速增长，基于 IP 网络的承载网也由以前单一的数据网变成了多业务的综合数据通信网。承载网和物联网之间的交互和连接是信息社会发展的趋势，因此需要针对承载网如何与物联网的分支——传感网建立连接及接入策略进行分析和研究。

1．当前的研究现状

针对物联网背景下的传感网与承载网互连结构，在国内，集中在中兴、华为及三大电信运营商。由于承载网和物联网之间的互连是信息社会发展的必然趋势，所以本研究内容重点在于探讨承载网与传感网之间的融合问题。

目前国内开展的相关研究成果如下：

中国联通研究院提出了传感网和通信承载网相结合的架构，该架构引入了简化版的 IPv6。汇聚网关将该部分协议进行转换，再通过 WCDMA、GPRS、WLAN、XDSL、XPON 等现有移动、固定通信承载网进行信息上传。

中国移动提出了 WMMP 协议，其中 M2M 终端与 M2M 业务运营支撑平台之间共有两种连接方式：长连接和短连接，分别指无数据包传输维持连接和断开连接的情况。

中兴提出 MAB 优化多接入方案，可以同时接入多个流并保持业务连续性，具体特点为：多种不同业务流可以选择不同的无线接入通道；根据网络负荷，动态调整业务流的多网路由，用户跨网切换，业务流实时切换路由通道；一个无线宽带提供一致业务体验的数据业务服务，用户随处移动，业务始终保持相同服务质量。

2．业务划分及调度

一般来说，传感器网络主要用于具有监测需求的各种应用中，传感器节点的主要作用是利用自身的感知能力，探测所处的环境并获得量化的探测数据。根据数据传输的处罚阈值辨别，主动或被动上传所收集的数据。这是一种以数据为导向的应用模式，IP 承载网是各运营商以 IP 技术构建的一张专网，用于承载对传输质量要求较高的业务（如软交换、视频、重点客户 VPN 等）。由此可见，传感网的数据为中心与 IP 承载网以业务为中心是两种不同的应用模式，因此把传感网接入 IP 承载网时，业务数据量是研究问题的中心。

随着传感器节点的功能不断提升，类型不断扩充，以及传感网的应用范围不断扩大，传统的传感网范畴也跟着拓展。例如，移动电话配备了多种感应设备，完全可以成为一种功能强大的传感器节点，不但可以实现普通的感知数据收集，还能以图像、语音和视频的形式提供所处环境的状态信息。这样未来的传感网，甚至当前传感网也能实现 IP 网络中占用较大带宽资源的音视频传输需求。那么在满足一定 QoS 要求的前提下，一定会产生可观的用户接入需求。

由于用户对业务的需求量是变化的，因此必须考虑传感网中出现多个并发的高流量业务请求时，并进行有效的服务调配和业务分流。为了降低传感网接入到承载网后，对承载网原有业务的影响，拟采用在传感网端进行业务区分，通过一定的约束条件以减小承载网网关的处理负荷。由于并发业务的情况可能出现，因此对网络内的有限带宽和流量限度必须进行合理划分，需考虑传感网内的数据等待均衡和带宽均衡，实现网内优化。

定义带宽空闲率为：

$$u_{ij} = \frac{bw_{ij} - M_{ij} - \beta_{ij} \cdot m}{bw_{ij}}$$

式中：bw_{ij} 为链路的带宽；M_{ij} 为该链路上的已有流量；β_{ij} 为 0 或 1 的变量，当为 0 时，代表业务 m 的流量未经过该链路，为 1 时，表示业务 m 的流量经过了该链路。带宽均衡度为带宽空闲率的方差：

$$D(u) = E(u^2) - \left[E(u)\right]^2$$

定义数据等待率为：

$$v_{ij} = \frac{(q_i + L)/R}{H_i/R} = \frac{q_i + L}{H_i}$$

式中：q_i 表示 i 处的数据包队列长度；M 为业务大小；R 为节点的传输速率；H_i 表示节点的缓冲区长度。

数据等待均衡度为数据等待率的方差：

$$D(v) = E(v^2) - \left[E(v)\right]^2$$

目标优化函数：对于传感网处理来自承载网的业务时可利用带宽均衡度和数据等待均衡度来评价网络资源的使用情况，因此目标优化函数为：

$$S = \alpha \cdot D(u) + (1 - \alpha) \cdot D(q)$$

式中：α 和 β 是系数，其和为 1，当 S 越小时，网络资源利用均衡越好。图 8-5 是采用该业务调度方法与随机业务调度得到的不同网络资源均衡度值。对比随机业务分配，在使用上述的目标优化函数后，网络的整体资源均衡度降低，即网络的利用均衡提高。随着并发业务个数的增加，网络资源的均衡度呈现降低的趋势，即表明网络整体的拥塞度越小，有利于延长网络寿命。

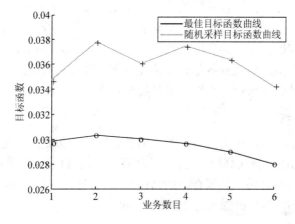

图 8-5　迂回接入策略和随机接入对比图

3. 迂回接入策略

从传感网到承载网接入网关的传输过程中，在当前业务数据传输路径出现拥塞或出现多并发业务等原因导致业务数据在当前路径上溢出的情况时，在一条路径上实现一次成功传输是不现实的，此时需要对业务进行分类和聚合——不同业务流根据局部网络状况，经由不同的路径到达承载网的接入网关。与直达传输路径相比，重新分配的路径可能距离更远，跳数更多，时延更大，甚至可能出现路线迂回的情况，故称为迂回接入策略。

定义当前的端到端路径为直达路径，其他的路径为非直达路径。这里有两种接入方式：

（1）选择一个非直达路径，当前的所有业务（可能是一个大流量业务或多个并发业务）在进行合理的业务分流后，均通过该路径传输，那么每个业务流被赋予一个排队等待时延 τ。

（2）选择多个非直达路径，根据各业务流的业务特性和用户需求，给每个路径分配合适的业务流类型 k_t 和业务流个数 n_{tr}，实现路径和业务的最佳匹配。

业务传输代价是从接收到业务直到业务被成功传输整个过程的开销，以时延作为业务传输代价的组成要素。在直达路径传输中，业务传输代价 P_{tr-d} 为：

$$P_{tr-d} = \sum_{n_{tr}} \tau_i$$

式中：τ_i 为每个业务流的等待时延；n_{tr} 为业务流的个数。在非直达路径传输中，业务传输代价 P_{tr-ind} 为：

$$P_{tr-ind} = \sum_{n_{tr}} \tau'_i + \sum_i L_{link} / P_r$$

式中：L_{link} 为各路径的曲线距离；τ' 为业务在不同非直达路径上的排队等待时延。若直达路径业务传输代价 P_{tr-d} 大于非直达路径业务传输代价 P_{tr-ind}，则认为选择非直达路径传输更合理。

4. 物联网接入架构

当前的无线网络接入技术包括网关接入、热点接入和移动手机接入等方式，如图 8-6 所示的 3 种源端网络及 3 种接入方式。不同的业务需要通过合适的接入网关代理，此处涉及多网关选择的问题。而在业务转移到接入网关后，需要根据业务特性、用户需求和物理资源 3 种输入参数，触发业务划分及调度过程，继而进行迂回接入的选择和执行过程。其中，触发条件分别与业务特性、用户需求和物理资源相对应。

5. 新增业务分析

三网融合背景下，考虑个人宽带业务所需的带宽。如果是最普通的业务，则低速宽带（2M）+标清 VOD 点播（4M）+标清多媒体通信（2M），每个用户需要近 10M 的带宽。如果是以高清为基础的业务组合，则高速宽带（10M）+高清 VOD 点播（8M）+高清多媒体通信（4M），每户则需要近 25M 左右的带宽。

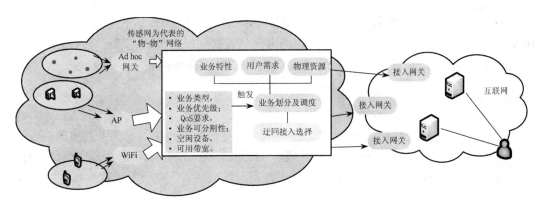

图 8-6 物联网接入架构

目前 IP 承载网建设从以下几方面着手：

（1）家庭带宽提速，入户方式向光纤到户发展。

（2）核心网高带宽化，IP 承载网的核心层在向 40G、100G 的网络演进。

（3）城域网多平面专网专建，要针对视频类业务与电信传统的宽带上网、大客户专线不同特性进行单独建设。

目前的承载网建设还不足以满足要求的时候，需要考虑如何在现有承载网的基础上，采用有效的接入技术及转发技术，避开业务拥塞节点，规划传输路径，使承载网能够接纳当前发展趋势下的个人业务及企业业务服务，这个是需要深入探讨的问题。针对该问题，接下来以手机为服务发起者为例分析新增业务对承载网当前业务造成的影响。

背景环境设置为武汉市城域网，武汉市的人口数 N_p 约为 978.539 万，假定一半的人都配备至少一部手机，则除传统的语音之外，部分用户还有上网查询信息、相互之间传输图片甚至视频流的需求。假设其中有 30% 的人有上网查询信息的需要，10% 的人有传输图片的需要，1% 的人有传输视频流的需要，即相比原来的通话业务，新增加的业务量为：

$$T_{\text{new}} = N_p \cdot 30\% \cdot r_f + N_p \cdot 10\% \cdot p_f + N_p \cdot 5\% \cdot v_f$$

式中：r_f 为手机上网的信息传输速率，由于手机上网目前多为 GPRS 接入或 3G 接入，因此，r_f 的范围是 56～115 kbit/s。p_f 是传输一张图片所需的传输带宽，基于目前手机拍摄图片的像素数，p_f 的范围是 12～396 kbit/s。v_f 是传输一段视频所需的带宽，假设视频流的时间为 1～10min，且手机摄像头的像素为 100～500 万像素，则 v_f 的范围是 128 kbit/s～4 Mbit/s。由此可见，新增业务流量与并发用户的人数 N_p 呈现正比关系。

8.2 IPv4 到 IPv6 的过渡

物联网由大量的终端设备组成，它对标识终端的 IP 地址需求非常大。IPv6 技术不仅能够满足物联网的地址需求，还能够满足物联网对节点移动性、基于流的服务质量保障的需求。随着 Internet 的飞速发展，IP 地址即将耗尽以及路由表急速膨胀的问题日益突出。IPv6 作为 Internet 协议的下一代版本，取代 IPv4 已成为历史的必然。然而 IPv4 向

IPv6 的过渡不可能一蹴而就，在很长一段时间内两者会共存。IPv6 不是对 IPv4 的简单升级，由于头部特征和地址机制的差异，两者无法兼容。如何平滑、渐进地过渡到 IPv6 是必须要解决的一个问题。IETF 成立了专门的工作组 NGTrans 研究有关技术。

8.2.1　IPv4 到 IPv6 过渡规范

IPv6 协议的设计者们在最初的"IP 下一代协议建议"规范中，定义了过渡的规则。

（1）现有的主机能在任何时候进行升级，与其他的主机或路由器的升级是完全独立的。

（2）仅使用 IPv6 协议的新主机，可以在任何时候被加入，完全不依赖于其他的主机或路由器的结构。

（3）现有的 IPv4 主机，在安装了 IPv6 协议之后，能够继续使用它们的 IPv4 地址并且不需要使用额外的地址。

（4）将现有的 IPv4 节点升级到 IPv6，或者是部署新的 IPv6 节点，都只需要很少的准备。

因为 IPv4 协议和 IPv6 协议之间缺乏相互支持，所以 IPv4 和 IPv6 路由器之间需要有一系列机制来支持二者无缝地共存。

8.2.2　过渡期路由的基本技术

目前已有多种策略和技术方案及其实现可以完成从 IPv4 向 IPv6 的转换，但都仍有局限性，按工作原理划分有以下 3 种。

1．IPv4/IPv6 双协议栈

IPv4/IPv6 双协议栈技术（Dual Stack），主机同时运行 IPv4 和 IPv6 两套协议栈，同时支持两套协议。目前主流操作系统正处于这一转变中。新的 IPv6 协议栈主要针对原有 IPv4 协议栈的网络层部分进行了重大改动，对于传输层及其以上的其他层协议基本没有进行什么改动。但由于 IP 协议本身发生了较大变化，与 IP 协议关系密切的路由协议也发生了相应变化。支持 IPv6 和 IPv4 双协议栈路由器的协议结构如图 8-7 所示。

RIP	BGP4	RIPng	BGP4+
TCP/UDP			
IPv4 协议		IPv6 协议	
物理网络			

图 8-7　IPv6 / IPv4 双协议栈协议结构

该方案工作方式为：如果应用程序使用的目的地址是 IPv4 地址，则使用 IPv4 协议；如果应用程序使用的目的地址是 IPv6 中的 IPv4 兼容地址，则同样使用 IPv4 协议，所不同的是，此时 IPv6 就封装在 IPv4 当中；如果应用程序使用的目的地址是一个非 IPv4 兼容的 IPv6 地址，那么此时将使用 IPv6 协议，而且此时很可能要采用隧道等机制来进行路由传送；如果应用程序使用域名来作为目标地址，那么此时先要从 DNS 服务器那里得到相应的 IPv4/IPv6 地址，然后根据地址的情况进行相应的处理。

在过渡的初始阶段，路由器可以只运行有关 IPv4 的路由协议，对于兼容 IPv4 地址的 IPv6 数据报的转发完全按照以前 IPv4 的转发方式进行，这种方式有一些缺陷，首先它的路由协议不能生成新的地址方式的 IPv6 路由条目，另外对于以前的未经改造的 IPv4 路由器不适用。

双栈技术主要涉及对网络中路由器设备的改造，对于网络中的主机可以不进行任何改动，当然这种情况下原有的 IPv4 主机不能和新的 IPv6 主机通信，如果需要通信可以将原有的 IPv4 主机改造为双栈主机或采用地址／协议转换方法。双栈策略是一种比较显而易见的解决办法，易于理解，同时对原有的网络设备影响比较小，但这种方法的缺点是其维护工作比较复杂，一台路由器中需要维护两套协议栈路由器负担较重，效率也比较低。

2. 隧道技术

隧道技术（Tunnel）机制体通过 IPv4 网络建立隧道实现 IPv6 站点之间的连接。隧道技术将 IPv6 的分组封装到 IPv4 的分组中，封装后的 IPv4 分组将通过 IPv6 的路由体系传输，分组报头的协议域设置为 41，指示这个分组的负载是一个 IPv6 的分组，以便在到达目的网络时恢复出被封装的 IPv6 分组并传送给目的站点。

3. 网络地址/协议装换技术

双协议栈解决了 IPv6 与 IPv4 的共存问题，但没有很好地实现过渡时期 IPv4 主机和 IPv6 主机之间的平滑通信，因此 IETF 提出了地址/协议转化（NAT-PT）方案，但该方案通常用于纯 IPv4 节点与 IPv6 节点之间的通信，对纯 IPv6 节点与双栈节点中的 IPv4 协议通信不建议采用此方案。

网络地址/协议装换技术（Network Address Translation-Protocol Translation，NAT-PT）技术是将 IPv4 地址和 IPv6 地址分别看做内部地址和全局地址，或者相反。例如，内部的 IPv4 主机要和外部的 IPv6 主机通信时，在 NAT-PT 服务器中将 IPv4 地址（相当于内部地址）变换成 IPv6 地址（相当于全局地址），服务器维护一个 IPv4 与 IPv6 地址的映射表。反之，当内部的 IPv6 主机和外部的 IPv4 主机进行通信时，则 IPv6 主机映射成内部地址，IPv4 主机映射成全局地址。对于一些内嵌地址信息的高层协议（如 FTP），NAT-PT 需要和应用层的网关协作来完成翻译。在 NAT-PT 的基础上利用端口信息，就可以实现 NAPT-PT，这点同目前 IPv4 下的 NAT 没有本质区别。

NAT-PT 技术可以解决 IPv4 和 IPv6 之间的互通问题，最大优点是原有协议不加改动就能与新的协议互通，在仅使用 IPv4 协议或仅使用 IPv6 协议的网络中提供一个或多个特殊的 DNS 服务器进行 "IP 伪装"，同时提供一个或多个双栈的服务器做 NAT-PT 网关，即可以实现 NAT-PT 的功能，从而使 IPv4-only 和 IPv6-only 之间能透明通信。DNS 服务器是最为关键的部分，它要为整个站点服务。但该技术在应用上有一些限制，首先在拓扑结构上要求一次会话中所有报文的转换都在同一个路由器上；其次一些协议字段在转换时不能完全保持原有的含义；另外协议转换方法缺乏端到端的安全性。

该机制适用于过渡的初始阶段，使得基于双协议栈的主机，能够运行 IPv4 应用程序与 IPv6 应用程序互相通信。这种技术允许不支持 IPv6 的应用程序透明地访问仅使用 IPv6 的节点。该机制要求主机必须是双栈的，同时要在协议栈中插入三个特殊的扩展模块：

域名解析器、地址映射器和翻译器，相当于在主机的协议栈中使用了 NAT-PT。

8.2.3　地址分配

1. 双重寻址机制

为了产生全球唯一并且在子网内部实现低开销通信的 IPv6 地址，双重寻址机制（Dual Address Scheme，DAS）同时使用由 16 位短地址产生的链路本地地址和 EUI-64 产生的全球唯一地址。如图 8-8（a）所示，由 IEEE 802.15.4 的 16 位短地址创建的接口标识符产生链路本地地址，高十位被分配了一个前缀 FE80::0。在分层的地址分配中，当节点从一个根节点移动到与另一个根节点相关联时，短地址被改变，链路本地地址也相应被改变。在随机地址分配中，因为短地址不是全球唯一的，地址有可能重复。如图 8-8（b）所示，通过联合全球前缀和基于 EUI-64 的接口标识符，无状态 IPv6 自动配置产生全球唯一地址。在 WSN 中由基于 16 位短地址的接口标识符创建的链路本地地址可以在报头中被压缩。全球唯一地址为每一个节点提供直接接入。WSN 接入互联网必须要有个网关。WPAN 适配器可以作为 IEEE 802.15.4 网络的网关。因为网关一般是通过有线接入互联网的，所以可以假设网关的能量是无限的。更进一步，与无线传感器网络相比，假设网关具有无限的存储能力和计算能力。因此，DAS 将传感器节点的功能转移给网关作为节省传感器节点的有限的资源，集中使用网关的资源。在 DAS 中，网关必须利用它无限的资源来为子网内的所有节点存储全球唯一地址和链路本地地址，并且为地址匹配保存一张转换表。因为全球唯一地址和链路本地地址分别是由基于 EUI-64 的接口标识 16 位短地址接口标识产生的，转换表必须存储每一对短地址和 EUI-64，如图 8-9 所示。

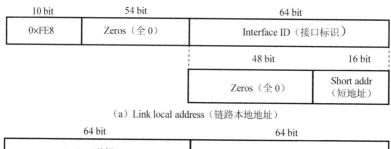

（a）Link local address（链路本地地址）

（b）Global address（全局地址）

图 8-8　双重寻址机制

当子网中的节点数量增加时，搜索网关表将会造成一定的延时，因为假设网关具有无限的资源，当对性能的要求比较高时，安装额外的网关可以减少由延时造成的性能下降。

16-bit short address	64-bit EUI address
0	0211:22FF:FE44:5566
1	0211:22FF:FE44:5567
2	0211:22FF:FE44:6667
3	0222:22FF:FE44:6667
4	0211:33FF:FE44:6667
5	0211:33FF:FE55:6667

图 8-9　EUI-64 转换表

图 8-10（a）展示了使用 DAS 的 IEEE 802.15.4 的包格式。开始是 25 字节的 IEEE 802.15.4 的 MAC 包头，然后顺序是调度（Dispatch）和 HCI。Dispatch 的长度是一个字节，用来指出 IPv6 包头的压缩和类型。HCI 也是 1 字节长，包含 IPv6 包头的每一个域的压缩信息。

除了跳数限制以外，包头域可以以任意方法压缩。在包头压缩中，主要考虑源地址和目的地址域的压缩，这两个域占了 IPv6 包头的大部分。图 8-10（b）中前两个压缩是分别针对源地址和目的地址的压缩，这可以用在传感器节点和网关节点的通信或者是一个移动和大衰减传感器网络的子网中节点和节点之间的通信，在这样的网络中，链路是间歇性连接的，导致拓扑频繁的改变。最后一个图是源地址和目的地址同时压缩，可以用在一个静态网络中节点和节点之间的通信。

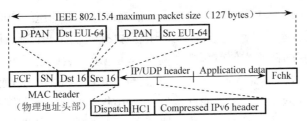

FCF：Frame Control Field（帧控制域）　　SN：Sequence Number（序列号）
Fchk：Frame Checksum（帧校验和）

（a）IPv6 over IEEE 802.15.4 Packet format（数据帧格式）

（Partly compressed address:souress address compressed）
（源地址压缩格式）

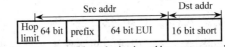

（Partly compressed address:destination address compressed）
（目的地址压缩格式）

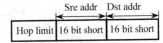

（Fully compressed address:source/destination address compressed）
（全地址压缩格式）

（b）Compressed IPv6 header of(a)（IPv6 头部数据压缩格式）

图 8-10　DAS 的 IEEE 802.15.4 的包格式

图 8-11 展示了在一次传感器节点与互联网基站的会话中包通过网关时，根据转换表进行的 IPv6 头域中的地址转换。假设节点的 16 位短地址是 1，它的链路本地地址是 FE8::1。

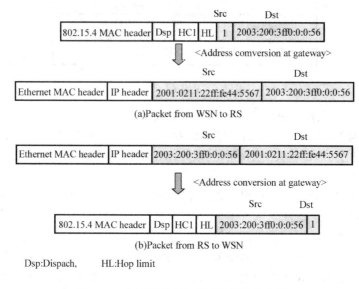

图 8-11　传感器节点与互联网基站的会话

网关处存在一个地址转换表来对通过网关的包进行地址的压缩或解压缩。

传统的 IPv6 无状态自动配置是按照以下顺序执行的。当一个节点进入网络时，首先根据接口标识和已知的链路本地前缀产生链路本地地址。然后进行重复地址检测。节点通过发送邻居请求（NS）信息。如果跟邻居节点的地址有重复的将会收到邻居广告（NA）信息。如果没有收到 NA 信息，说明此地址是可用的。当新节点获得了一个链路本地地址以后，使用链路本地地址发送一个路由器请求信息到网络中来获得网络信息。也可以通过周期性的发送路由器广告（RA）信息到所有节点。新节点等待直到收到 RA 信息。网络信息中的前缀信息选项包含全球 IPv6 前缀。最后，通过联合接口标识和全球 IPv6 前缀产生全球前缀。

MAC 地址的 IPv6 地址。当一个节点进入到 WSN 中以后，首先通过搜索查找到一个邻居节点作为父节点。包含 EUI-64 的关联信息被发送到父节点。父节点将新节点的 16 位短地址和 EUI-64 报告给网关，将这一对地址加入到转换表中。

2. 基于代理的分层分布式移动 IP 地址分配

把多个移动 AdHoc 网络通过互连形成的网络作为考虑对象，每个子网由一组聚合在一起的节点组成，节点可以在任意时刻加入或离开网络，并可以任意地移动。网络的大小和拓扑在实质上都是动态的，不可预测的。每个节点的 MAC 地址都是预先设置的，节点一旦进入网络，就根据自己的 MAC 地址加入到已有的某个群中或新建一个群把自己作为群首。这样在分配 PI 地址之前，网络中的节点就已经按照某种分群算法划分为若干群。为了方便实现，规定群首自动成为子代理，并根据离 AP 距离的远近分成不同级别，离 AP 越近级别越高，任何一个代理都有它确定的一个上一级和若干个下一级代理。每个节点都运行分层分布式移动护协议。网络中没有 DHCP 服务器，而是由网络中所有移动代理和子代理来执行 DHCP 服务器的功能。每个代理或子代理都有能力给新节点配置一个 IP 地址。网络中的各级代理与其上一级代理和下一级代理时不时地交换信息以保证网络中的信息。

地址分配过程如下：

1）代理广播

移动代理通过周期性地发送代理广播消息来声明它们的存在，如果一个移动节点收到直接从 AP 发来的代理广播，就证明自己在 AP 覆盖范围内，距 AP 为一跳，则在该广播消息中标明为一跳然后转发出去，之后收到该消息的移动节点将原先标明的跳数加 1 再继续转发，直到所有的节点都已收到该代理广播消息。每个移动节点在收到代理广播消息之后会将该代理的信息填入自己的移动代理表，根据这个表就可以选择向哪个代理注册或切换。

2）代理发现

一个移动节点开机之后，需要判断自己是处在哪一个移动代理的管辖范围之内。这里采用由移动代理定期地发送代理广播的方式。当这个移动节点收到了一条代理广播消息，则表示它处在该移动代理的多跳链接范围内，那么就决定向该移动代理进行注册，加入该子网。一个移动节点有可能同时与多个移动代理通过多跳连接，而且跳数不同，但是这个情况在移动节点开机初期是无法得知的，所以移动节点会以收到的第一个代理广播消息为准，直接向这个移动代理注册。在这之后，移动节点会继续收集定期发送的代理广播消息，以发现其他可以通过多跳连接的移动节点，并且选择跳数最小的进行切换。如果一个移动节点是从一个子网移动到另一个子网，那么也是通过收集周围所有移动代理的信息，然后比较跳数的大小来决定是否需要重新注册。

3）注册过程

对于一个子网来说，任何一个新加入的移动节点都要向该子网的移动代理进行注册，不管这个移动节点是刚开机还是移动到本子网，也不管该子网是这个移动节点的本地链路还是外地链路。当一个移动节点决定向一个移动代理注册时，就向它发出注册请求，注册请求中包括了自己的地址和本地代理的地址。如果这个移动节点目前处在本地链路上，那么它正在注册的移动代理收到注册请求后，首先会在本地代理的本地移动节点表中找到该移动节点，在经过一定的安全性和有效性检查后，如果通过，则会查看表中对应的转交地址项。如果为空，则表明这个移动节点刚刚开机，然后将本地代理的地址填入，表明该移动节点目前正在本地网内，最后向移动节点返回成功的注册应答；如果不为空，则表明这个移动节点是从其他子网移动至本子网，那么首先要将转交地址项中的内容更新为本地代理的地址，然后根据原转交地址向原外地代理发送一个消息，以告知该移动节点已移动到其他子网，原外地代理收到该消息后即将外地移动节点表中的相应条目删除，同样这个本地代理要向移动节点返回的注册应答。如果这个移动节点目前处在外地网内，那么在移动代理收到这个注册请求后，会根据其中的本地代理地址将这个注册请求转发给该移动节点的本地代理，本地代理收到后，首先会在本地移动节点表中找到该移动节点，经过一定的安全性和有效性检查后，如果通过，则会查看表中对应的转交地址项。如果为空，则直接将该外地代理的地址填入，并返回成功的注册应答；如果不为空，则需要用新的外地代理来代替旧的外地代理，在向新的外地代理发送成功的注册应答的同时还要向旧的外地代理通知该移动节点已离开的子网。新的外地代理收到该应答后，则将其转发给移动节点，并在自己的外地节点表中增加相应的条目以记录该移动节点的信息。在以上的各种情况中，整个注册过程以移动节点收到成功的注册应答来作为结束，如果未通过安全性和有效性检查，那么本地代理则会返回失败的注册应答，外地代理收到后不会更新外地节点表，移动节点收到后则会尝试重新注册。

4）移动节点的定期声明

一个移动节点在成功注册到某一个移动代理后，就要定期向这个移动代理发送消息以声明自己的存在。移动代理在收到这个声明后会更新移动节点表里相应条目的生存时间项。如果在这个生存时间到期时，移动代理还没有收到移动节点的声明，则该移动节点已关机或移出网络的范围。这时，如果这个子网是该移动节点的本地网，则本地代理将本地节点表中的转交地址项清空；如果这个子网是该移动节点的外地网，则外地代理将清除外地节点表中的对应项，并向本地代理发送清除消息，本地代理收到后做同上的处理。

5）数据分组的选路

任何一个向移动节点发送的数据分组会按照正常的路由策略会被发送到移动节点的本地链路，这时本地代理将截获这一数据分组，进行封装后通过隧道发送到移动节点的外地代理，作为隧道出口的外地代理拆掉隧道封包后将数据分组转发给移动节点。移动节点要发送数据时则直接通过外地网的路由器发送。

3．基于协调器的地址分配

基于协调器的地址分配过程必须独立于网络协议和应用。基于协调器的地址分配是分布式在每一个节点执行。在网络的整个生命周期中地址的唯一性要得到保证。当一个新的节点进入到网络中时，在进行本地分析后要能产生唯一的地址。

其地址分配的基本思想是：在区域里放置三个颜色协调器，分别表示为 R、G、B。每个节点计算它与三个协调器之间的距离（这个距离指的是跳数距离），并产生一个随机数 a，最后节点的唯一地址是一个颜色值（R,G,B,a）。因为跳数距离不是连续的，这样就会产生一个区域，它的颜色值是相同的，这个区域定义为同色区域，在同色区域里可能有多个节点，随机值 a 用来区分同色区域里的不同的节点。为了防止地址重复，新节点会在同色区域里进行重复地址检测。

4．基于多代理的地址分配算法

当一个新节点加入网络时，它成为初始节点。初始节点首先在邻居范围内广播代理寻找请求包 AGENT-REQ，若在最大应答时间 MAX-TIME-OUT 内未收到任何节点回应的代理寻找应答包 NB-ACK，初始节点将认为自己周围没有任何邻居节点，网络中只有自己，从而初始节点把自己设为代理节点，并按照本协议所设计的 IPv6 地址结构，产生一个子网 ID 号、随机数，并连同产生时间一并填入到 IPv6 地址的后三个域中，形成一个供自己使用的 IPv6 地址。此时初始节点地址分配过程完毕，并产生一个由其负责的子网。

若初始节点收到邻居节点发来的代理寻找应答包 NB-ACK，则需判断其中所包含的子网 ID 号。如果所有子网 ID 号均相同，而且代理节点 IP 也相同，初始节点将选择距此代理节点最近、IP 最小的邻居，并通过其沿最短路径向代理节点发送 ADDR-REQ。代理节点在收到此包后为初始节点分配一个 IPv6 地址，并将此口地址添加到它的地址列表中。稍后代理节点将 AGENT-ACK 单播回初始节点，初始节点收到后用其中包含的 IPv6 地址作为本地 IP 地址，并记录子网 ID 号、代理节点的 IP 地址、到代理节点的路径及跳数。此时初始节点地址分配过程完毕，初始节点将自己设置为完成节点，并加入到由该代理节点负责的子网中。

如果在初始节点收到的所有 NB-ACK 中出现子网 ID 号相同，但相应代理节点 IP 不同的情况，则此时网络发生合并，在这些子网中可能会出现重复地址，此时首先执行合并处理过程。初始节点首先发出控制包，命令除具有最小 IP 地址以外的所有具有相同子网的代理节点重选子网 ID，直到这些代理节点和它们已知的所有代理节点都拥有不同的子网 ID，然后这些代理节点根据新子网 ID 更新自己的 IP 地址，并向所有其曾经分配地址的节点发送控制包，通知它们更新自己的子网 ID 号，从而更新 IP 地址。在此过程结束后，初始节点选择一个距自己最近、地址最小的代理节点，并沿最短路径向其发送地址请求控制包 ADDR-REQ，直至最终完成地址的分配。

在地址配置协议中，分配口地址出现冲突的概率是重要的衡量指标，此概率主要和地址空间的大小及节点数量有关，地址空间越大，节点越少，出现冲突的概率就越低。

8.2.4　路由机制

IPv6 中实现路由主要的协议包括邻居发现协议（Neighbor Discovery：RFC2461）、地址自动配置协议（IPv6 Stateless Address Auto Configuration：RFC2462）、下一代路由消息协议（Routing Information Protocol Next Generation，RIPng：RFC2080）等。通过简要介绍这些协议来了解 IPv6 的相关路由机制。

1．邻居发现协议

邻居发现协议是 IPv4 环境下的地址解析协议（Address Resolution Protocol，ARP）和互联网控制信息协议（Internet Control Message Protocol，ICMP）以及路由器广播（Router Advertisement）等提供的服务整合而来的。就其本质而言，邻居发现协议实际上是允许 IPv6 节点在同一链路中发现并获得本地链接（Link-layer）地址的，而且能够广播不同网络参数的一系列的互补的 IMPv6 信息。即主机通过给其本地地址增加一个唯一标识的前缀，从而建立一个本地链接地址。这一地址一旦形成，主机就发送一个邻居发现信息来确保该地址唯一。

根据 RFC2462 中的叙述，邻居发现协议主要完成的功能如下：

（1）路由器的发现：主机如何发现自己相连的路由器。

（2）前缀发现：主机如何发现链路的前缀集，并由此推断那些节点是否在线。

（3）参数发现：主机如何知道链路的一些参数。

（4）地址自动配置：节点为一个借口自动配上一个 IP 地址。

（5）地址解析：类似 ARP 协议的功能。

（6）下一跳地址：路由的算法来决定下一跳的地址。

（7）邻居可达性探测：探测邻居是否可达以决定路由表。

（8）重复地址发现：避免地址自动配置是使用重复的地址。

（9）路由重定向：路由器如何通知主机去某目的地有一个更好的第一跳节点。

邻居发现协议几乎构成了整个 IPv6 路由机制的基础，由于它总结了 IPv4 地址和路由的经验，具备很多 IPv4 没有的优势，所以很多协议都是在它的基础上实现的。但是，邻居发现协议本身仍然存在一些限制，导致其无法直接应用在 IPv6 传感网中，需要将其进行改进，即 IPv6 传感网络中邻居发现协议的研究与实现。

2．地址自动配置相关协议

IPv6 的地址自动配置服务分为无状态自动配置（Stateless Auto Configuration：RFC2462）和全状态自动配置（Stateful Auto Configuration）。全状态自动配置是 IPv6 继承于 IPv4 中的动态主机配置协议（Dynamic Host Configuration Protocol，DHCP：RFC2131），DHCP 实现了主机 IP 地址及其相关配置的自动设置。而 IPv6 无状态地址自动配置则是在邻居发现协议的基础上，由主机网卡的 MAC 地址附加在链接本地地址前缀之后，产生一个链接本地单点广播地址，接着主机向该地址发出一个 ND 请求，以验证当前地址的唯一性，如果请求没有得到响应，则表明主机自我设置的单点广播地址是唯一的。否则，主机将使用一个随机产生的接口 ID 组成一个新的链接本地单点广播地址。然后，以该地址为源地址，主机向本地链接中所有路由器以多点广播方式发送路由器请求，主机用它从路由器来的全局地址前缀加上自己的借口 ID，自动配置全局地址，然后就可以与网络上的其他主机通信了。

3．下一代路由消息协议

RIPng 并不是一个全新的协议，只是对 RIP 进行修改以适应 IPv6 的需要，RIPng 与 RIP 的基本工作原理一样，同样基于距离矢量协议，通过 UDP 报文交换路由信息，RIPng 的 UDP 端口号是 521（RIP 使用 520），路由器发送和接收 RIPng 信息大部分是通过 521 端口进行的。实现 RIPng 的每个路由器都有一个路由表，每个可达的目的节点在路由表中都有一个表项，每个表项至少包括的信息有：目的 IPv6 前缀、度量（数据报从路由器到目的的所有花费，是到达目的所通过的网络费用的总和）、下一跳路由器的 IPv6 地址（若目的是一个直接连接网络，则不需要这一项）、最近路由变化标志、与路由相关的各种定时器。

RIPng 有两种消息格式，即请求消息和响应消息，消息中包含的是前缀长度，而不是子网掩码，不限定报文的最大长度，本身不支持身份验证。

4．6LoWPAN 路由体系

由于 IPv6 充足的地址空间和良好的地址自动配置机制，将 IPv6 融入传感网被看做是一种趋势，它一方面可以加强网络的移动性、安全性和与 Internet 的互通性，另一方面也被看做 IPv6 在下一代互联网中的关键性应用。但是，由于现有的 IPv6 的路由协议不能直接应用于传感网中，需要对原协议进行适当的修改，6LoWPAN（IPv6 Over Low Power WPAN）网络体系结构就应运而生了。

在 6LoWPAN 动态路由协议中，主要有 Mesh（网状）路由和分级式路由两类。前者利用路由表查找下一跳节点地址从而转发数据。后者则依靠事先定义的动态地址分配算法来实现数据转发。两者都运行于 6LoWPAN 体系结构的适配层，并且在网内多跳的转发数据时都是用图 8-12 给出的一段域。其中，"S"占用 1 位，其值为 1 时表示后面的"发起节点地址"和"最终目的节点地址"都是用 16 位短地址；为 0 时表示是用 EUI-64 位扩展地址。"剩余跳数"占用 7 位，表示报文传输过程中剩余的转发跳数。"载荷"包含各种 IPv6 报文。

S	剩余跳数	发起节点地址	最终目的节点地址	载荷

图 8-12　多跳网络传输域

1）Mesh 路由协议

考虑到 6LoWPAN 的自组网特性和嵌入式设备的有限资源，Mesh 路由协议通常参考和修改传统的 Ad-hoc 网络中的路由协议。而传统的 Ad-hoc 路由协议运行于传输层之上，在构造路由报文时，要一次经过传输层、网络层和数据链路层的封装，最后在物理层发送出去。如果在 6LoWPAN 中照搬这样的模型并完全依靠 IPv6 地址查找路由，会带来以下的问题。

（1）即使在传输层采用占用字节较少的 UDP 包头并且网络层中的 IPv6 没有任何扩展包头的情况下，这 2 项包头也要消耗 48 字节的地址空间，这对于只有 127 字节大小的 802.15.4 帧来说是一个不小的开支。

（2）设备节点接收到数据包后要依次经过数据链路层、网络层和传输层的多层帧头处理，这样就加重了资源有限的传感器节点的负担，缩短了其使用寿命。

为了解决以上问题，6LoWPAN 体系结构使用链路层地址来实现网内的路由查找和报文转发。IEEE 802.15.4 标准提供了 2 种链路层地址：16 位短地址和 EUI-64 位扩展地址，两者都能为同一个 WPAN 内的每个节点提供唯一标识。由于采用链路层地址，路由协议也相应地在网络层之下的适配层实现。建立好路径后，如果目的节点不在邻居列表中时，那么在 IPv6 包头前附加多跳网络传输域，即可实现多跳转发。

通过使用 16 位短地址或 EUI-64 位扩展地址，6LoWPAN 中的路由协议不再完全依赖于 IPv6 地址（当网内的节点与 Internet 上的主机进行端到端通信时，才会使用 IPv6 地址）。这样做的好处有以下 4 点。

（1）路由协议在适配层实现，免除了网络层和传输层的封装，减少了封装包头，提高了报文利用率。

（2）转发节点只需要在适配层对报文进行处理和转发，在降低节点功耗的同时提高了其处理路由报文的速度。

（3）由于在 6LoWPAN 网络内传输报文时不需要 IPv6 地址，所以在分片后不需要使每个分片报文都包含 IPv6 包头，这样就提高了分片报文的利用率。

（4）在节点接收到 IPv6 包头经过压缩的报文时，不需要对包头进行解压就可以根据链路层地址处理和转发。

由此可见，在适配层实现路由协议可以更好地适应功耗有较高要求的网络（如传感网）。

现有的 Mesh 结构路由协议主要包括 DYMO-low 和 LoWPAN-AODV，两者都属于按需式的路由协议，所谓按需路由就是当源节点要发送数据而路由表中没有所需要的路由表项时，通过广播 RREQ（RouteRequest）报文来查找目的节点，每个接收到 RREQ 的节点都会建立一条到源节点的反向路由，当目的节点收到该 RREQ 后，就会按照已经建立的反向路由向源节点单播回一个 RREP（Route Reply）报文，每个接收到 RREP 报文的节点会建立一条到目的节点的路由，知道源节点收到该 RREP 后，一条所需的路由就建立起来了，如图 8-13 所示，然后再将数据发送出去，每条路由都有一定的存活期限，当发送或接收数据时存活期限会被更新，重新计时，如果超时就会被标示为无效。当节点发现链路错误或电量不足时，会用到 RERR（Route Error）报文。

为防止形成路由环路，在算法上设计了重复报文检测：当节点收到 RREQ 后首先检测报文中的源节点地址和 RREQ_ID，如果已经处理过则直接丢弃；如果没有处理则首先记录在 RREQ 列表中，然后继续处理。另外，每次广播 RREQ 都可能经过不同的路径到达目的节点，通常的算法是选取跳数最少的那一条。因为在按需路由的过程中，建立的是一条双向的路径，所以在发现断开链路后可以反向地向源节点发送一个 RERR 报文。

以上是在 6LoWPAN 内部节点间按需路由是的流程和算法。而当内部节点要与 Internet 上的主机之间通信时，首先要根据链路层地址找到网关的路径，将数据发送至网关，然后再由网关根据 IPv6 地址把数据发送到 Internet 上的主机。

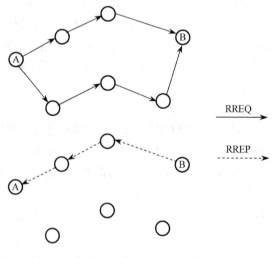

图 8-13　按需路由查找

RREQ ──────→

RREP ------→

2）分级式路由协议

6LoWPAN 中的分级式路由协议与 Mesh 路由协议一样，也是运行在适配层，利用链路层地址转发数据。不同的是分级路由时，使用动态分配的 16 位短地址，并根据事先确定的地址分配算法来确定转发路径，不需要依靠和维护任何路由表。目前提出的分级式路由协议有 HiLow。其地址分配算法可归结为如下：当某一节点想要加入 6LoWPAN 时，它会先搜索已经存在于该网络内的节点。如果没有搜索到，那么该节点会自动充当一个新的 6LoWPAN 的发起者，并给自己分配一个值为 0 的短地址；如果搜索成功，即该节点（子节点）发现了 6LoWPAN 内的某个成员节点（父节点），那么父节点就会给子节点分配一个短地址。假设父节点可分配的最大地址数量 MC（Max Counter）为 3，则其地址分配方案如图 8-14 所示。该方案使整个网络形成一个树状结构，每个节点在加入网络时都会记录自己在该树中的深度。由于没有深度上的限制，因此分级路由适用于逐渐扩展的网络。每个节点的邻居表中都存有其父节点和子节点的信息，此外，它还可以根据下面的算式计算出到达根节点路径上的所有祖先节点地址。

$$\text{Addr}_2 = [(\text{Addr}_1 - 1) / MC]$$

式中，Addr_1 为已知的某节点地址，Addr_2 为该节点的父节点地址，而"[]"表示取整数操作。例如图 8-14 中的地址为 21 的节点，根据该算式可以算出其祖先节点包括值为 6、1、0 的节点。

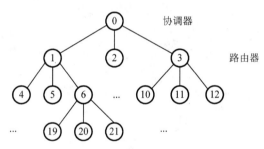

图 8-14 短地址分配方案

其路由过程分析如下：

当某节点要向其父节点或子节点发送数据时，直接根据邻居表中的信息发送至目的节点。当目的节点不在其邻居列表中时，一般分为下面 3 种情况来处理（当某节点收到 IPv6 数据包时，就称为当前节点）。

（1）通过比较当前节点和目的节点的地址，如果发现前者是后者的祖先节点，那么当前节点就选择包含目的节点的那条分支上的子节点作为下一跳转发，沿着分支向下转发至目的节点。

（2）如果当前节点是目的节点的子孙节点，那么就选择当前节点的父节点作为下一跳，沿着分支向上转发至目的节点。

（3）如果不是以上 2 种情况，那么就选择当前节点的父节点作为下一跳，首先转发到根节点，然后再由它沿着目的节点所在的分支转发。

习题

    1. 从互联网过渡到物联网面临的主要问题和技术挑战有哪些？

    2. 从互联网过渡到物联网从网络架构上来说，可能存在的问题是什么？目前提出的主要有哪几种类型解决方案及各方案的特点是什么？

    3. 从现有 IPv4 网络过渡到 IPv6 物联网可能存在哪些问题？有哪些可能的解决方案？

    4. 从现有 IPv4 网络过渡到 IPv6 物联网如何解决地址分配和自动配置问题？试述几种可能的解决方案。

    5. IPv4 网络过渡到 IPv6 物联网的网络路由可能存在哪些问题？有哪些可能的解决方案？

第 9 章　物联网实验

学习重点

通过本章介绍的内容，读者应了解物联网感知和标识，通信与网络，接入与处理相关的应用技术，重点学习和掌握zigBee无线网络与RFID的主要实验内容。

物联网的应用实验主要围绕感知与标识、通信与网络、接入与处理 3 个不同层面的核心关键技术，本章将从物联网相关的 ZigBee 无线网络、RFID 的主要实验来详细介绍物联网的使用和实践方法。

9.1　ZigBee 实验

9.1.1　ZigBee 基础知识

IEEE 802.15.4 定义了两个物理层标准，分别是 2.4 GHz 物理层和 868/915 MHz 物理层。两者均基于直接序列扩频（Direct Sequence Spread Spectrum，DSSS）技术。

ZigBee 使用了 3 个频段，定义了 27 个物理信道，其中 868 MHz 频段定义了一个信道；915 MHz 频段附近定义了 10 个信道，信道间隔为 2 MHz；2.4 GHz 频段定义了 16 个信道，信道间隔为 5 MHz。具体信道分配如表 9-1 所示。

表 9-1　信道分配表

信道编号	中心频率/MHz	信道间隔/MHz	频率上限/MHz	频率下限/MHz
$k=0$	868.3		868.6	868.0
$k=1,2,3,\cdots,10$	906+2（$k-1$）	2	928.0	902.0
$k=11,12,13,\cdots,26$	2401+5（$k-11$）	5	2 483.5	2 400.0

其中在 2.4 GHz 的物理层，数据传输速率为 250 kbit/s；在 915 MHz 的物理层，数据传输速率为 40 kbit/s；在 868 MHz 的物理层，数据传输速率为 20 kbit/s。

PANID 全称是 Personal Area Network ID，网络的 ID（即网络标识符），是针对一个或多个应用的网络，用于区分不同的 ZigBee 网络，所有节点的 PANID 唯一，一个网络只有一个 PANID，它是由协调器生成的，PANID 是可选配置项，用来控制 ZigBee 路由器和终端节点要加入哪个网络。PANID 是一个 32 位标识，范围为 0x0000～0xFFFF。

ZigBee 设备有两种类型的地址：物理地址和网络地址。物理地址是一个 64 位 IEEE 地址，即 MAC 地址，通常也称为长地址。64 位地址是全球唯一的地址，设备将在它的生命周期中一直拥有它。它通常由制造商或者被安装时设置。这些地址由 IEEE 来维护和分配。

16 位网络地址是当设备加入网络后分配的，通常也称为短地址。它在网络中是唯一的，用来在网络中鉴别设备和发送数据，当然不同的网络 16 位短地址可能是相同的。

ZigBee 设备类型有 3 种：协调器、路由器和终端节点。协调器是整个网络的核心，是 ZigBee 网络第一个开始的设备，它选择一个信道和网络标识符（Panid），建立网络，并且对加入的节点进行管理和访问，对整个无线网络进行维护。在同一个 ZigBee 网络中，只允许一个协调器工作，当然它也是不可缺的设备。

ZigBee 路由器是 ZigBee 路由节点，它的作用是提供路由信息。

ZigBee 终端节点没有路由功能，完成的是整个网络的终端任务。

ZigBee 网络的形成是经过一个较为复杂的过程。首先，由 ZigBee 协调器建立一个新的 Zigbee 网络。一开始，Zigbee 协调器会在允许的通道内搜索其他的 ZigBee 协调器。

并基于每个允许通道中所检测到的通道能量及网络号，选择唯一的 16 位 PAN ID，建立自己的网络。一旦一个新网络建立，ZigBee 路由器与终端设备就可以加入到网络中了。

网络形成后，可能会出现网络重叠及 PANID 冲突的现象。协调器可以初始化 PANID 冲突解决程序，改变一个协调器的 PANID 与信道，同时相应修改其所有的子设备。

通常 ZigBee 设备会将网络中其他节点信息存储在一个非易失性的存储空间—邻居表中。加电后，若子节点曾加入过网络，则该设备会执行孤儿通知程序来锁定先前加入的网络。接收到孤儿通知的设备检查它的邻居表，并确定设备是否是它的子节点，若是，设备会通知子节点它在网络中的位置，否则子节点将作为一个新设备来加入网络。而后，子节点将产生一个潜在双亲表，并尽量以合适的深度加入到现存的网络中。

通常，设备检测通道能量所花费的时间与每个通道可利用的网络可通过 ScanDuration 扫描持续参数来确定，一般设备要花费 1 分钟的时间来执行一个扫描请求，对于 ZigBee 路由器与终端设备来说，只需要执行一次扫描即可确定加入的网络。而协调器则需要扫描两次，一次采样通道能量，另一次则用于确定存在的网络。

在了解了 ZigBee 网络的基本原理之后，接下来介绍几个典型的 ZigBee 网络的相关实验。

9.1.2　ZigBee 组网基础实验

【实验目的】

（1）了解 ZigBee 星形网络通信原理及相关技术。

（2）了解 ZigBee 星形网络组建的基本过程和方法。

（3）了解 ZigBee 节点设备类型、信道、PANID、物理地址和网络地址。

【实验环境】

（1）ZigBee 套件：1 个 ZigBee 协调器、多个 ZigBee 传感控制节点。

（2）操作台：提供电源、PC、USB 口，以及多种传感器和输入/输出控制器件。

（3）软件：上位机软件。

【实验内容】

（1）利用 1 个 ZigBee 协调器、多个传感控制节点组建一个简单的星形网络，并观察射频顶板上 LED 指示灯的变化。

（2）利用上位机软件，查看生成的网络拓扑。

（3）利用上位机软件读取 ZigBee 节点设备类型、信道、PANID、物理地址和网络地址。

【实验步骤】

1）利用上位机软件中的 ZigBee 网络基础平台

首先，打开 ZigBee 协调器，然后，依次打开传感控制节点，依次加入协调器所建立的 ZigBee 网络，生成简单的星形网络拓扑结构，如图 9-1～图 9-3 所示。

图 9-1 ZigBee 网络基础平台

图 9-2 ZigBee 网络节点图

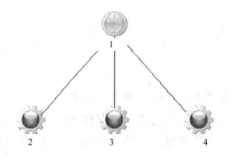

图 9-3 ZigBee 组网结构图

2）在图 9-3 所示的拓扑结构的基础上读取协调器 MAC 地址

读取协调器 MAC 地址数据命令帧格式如下：

PC 发送获取地址请求

02	07	CB	00	00	CB	54	00	00	09

短地址 ADDR：0x0000；//0x0000 表示协调器；

终端节点号：0xCB，表示协调器；

ID：0x0051，表示获取协调器 MAC 地址；

数据负荷长度为 0。

PC 接收地址返回

02	0F	CB	00	00	CB	54	00	08	FF	07	06	05	04	03	02	01	09

数据负荷长度为 8。

长地址：01 02 03 04 05 06 07 FF。读取协调器 MAC 地址实例如图 9-4 所示。

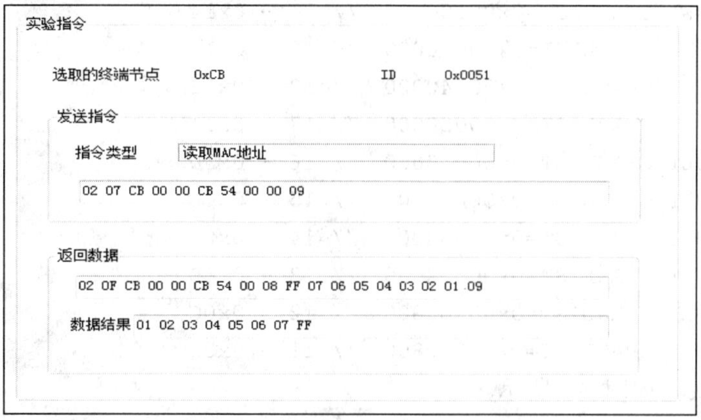

实验指令

　　选取的终端节点　　0xCB　　　　　　　ID　　0x0051

发送指令

指令类型　　读取MAC地址

　　02 07 CB 00 00 CB 54 00 00 09

返回数据

　　02 0F CB 00 00 CB 54 00 08 FF 07 06 05 04 03 02 01 09

数据结果 01 02 03 04 05 06 07 FF

图 9-4　协调器 MAC 地址

3）信道读取

读取信道命令帧格式如下：

PC 发送请求

02	07	CB	00	00	CB	53	00	00	09

短地址 ADDR：0x0000；

终端节点号：0xCB，表示协调器节点；

ID：0x0053，表示读取信道；

没有数据负荷。

PC 接收数据

02	09	CB	00	00	CB	53	00	04	00	00	00	04	0C

数据长度：0x04；

数据：0x04000000，具体如下：

```
/* Default channel is Channel 11 - 0x0B */
// Channels are defined in the following:
//      0     : 868 MHz    0x00000001
//      1 - 10 : 915 MHz    0x000007FE
//      11 - 26 : 2.4 GHz    0x07FFF800
//
//-DMAX_CHANNELS_868MHZ      0x00000001
//-DMAX_CHANNELS_915MHZ      0x000007FE
//-DMAX_CHANNELS_24GHZ       0x07FFF800
-DDEFAULT_CHANLIST=0x04000000    // 26 - 0x1A
//-DDEFAULT_CHANLIST=0x02000000   // 25 - 0x19
//-DDEFAULT_CHANLIST=0x01000000   // 24 - 0x18
//-DDEFAULT_CHANLIST=0x00800000   // 23 - 0x17
//-DDEFAULT_CHANLIST=0x00400000   // 22 - 0x16
//-DDEFAULT_CHANLIST=0x00200000   // 21 - 0x15
```

```
//-DDEFAULT_CHANLIST=0x00100000    // 20 - 0x14
//-DDEFAULT_CHANLIST=0x00080000    // 19 - 0x13
//-DDEFAULT_CHANLIST=0x00040000    // 18 - 0x12
//-DDEFAULT_CHANLIST=0x00020000    // 17 - 0x11
//-DDEFAULT_CHANLIST=0x00010000    // 16 - 0x10
//-DDEFAULT_CHANLIST=0x00008000    // 15 - 0x0F
//-DDEFAULT_CHANLIST=0x00004000    // 14 - 0x0E
//-DDEFAULT_CHANLIST=0x00002000    // 13 - 0x0D
//-DDEFAULT_CHANLIST=0x00001000    // 12 - 0x0C
//-DDEFAULT_CHANLIST=0x00000800    // 11 - 0x0B
```

读取信道实例如图 9-5 所示。

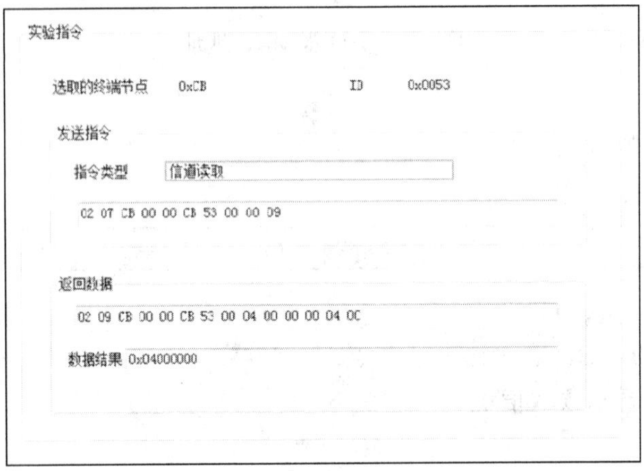

图 9-5　信道读取实例图

4）物理地址与网络地址匹配

长短地址匹配命令帧格式如下：

PC 发送地址匹配请求

02	0F	CB	00	00	D3	50	00	08	FF	07	06	05	04	03	02	01	09

短地址 ADDR：0x0000；//0x0000 表示需要访问的节点；

终端节点号：0xCB，表示协调器；

ID：0x0050，表示长短地址匹配；

数据负荷长度为 8；

长地址：01 02 03 04 05 06 07 FF。

PC 接收地址匹配返回

02	0F	CB	01	00	D3	50	00	08	FF	07	06	05	04	03	02	01	09

短地址 ADDR：0x0001；//0x0001 表示当前返回的短地址；

终端节点号：0xCB，表示协调器；

ID：0x0050，表示长短地址匹配；

数据负荷长度为 8。

长地址：01 02 03 04 05 06 07 FF

5）获取网络节点数

获取网络节点数命令帧格式如下：

PC 发送节点数请求

02	07	CB	00	00	CB	52	00	00	09

短地址 ADDR：0x0000；

终端节点号：0xCB，表示协调器节点；

ID：0x0052，表示读取节点数；

没有数据负荷。

PC 接收节点数数据

02	09	CB	00	00	CB	52	00	02	02	00	0C

数据长度：0x02；

数据：0x0002，表示网络节点数为 2（节点数不包括协调器）；

获取网络节点数实例如图 9-6 所示。

图 9-6 网络节点数获取实例图

9.1.3 ZigBee 基础控制与数据采集实验

【实验目的】

（1）了解单片机输入/输出控制的工作原理。

（2）了解单片机数据采集的工作原理。

（3）学习和掌握通过 ZigBee 网络通信，利用上位机软件控制各种执行器件和传感数据采集。

【实验环境】

（1）ZigBee 套件：协调器、传感控制节点。

（2）输入/输出控制器件：数码管模块。

（3）传感器：温度、温湿度、光照度、红外人体感应、烟雾、可燃气体、CO_2 等传感器。

（4）操作台：提供电源、PC、USB 接口。

（5）软件：上位机软件 ZigBee 基础实验平台。

【实验拓扑】

由协调器和传感控制节点组成的简单星形网络如图 9-7 所示。

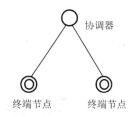

图 9-7　实验拓扑图

【实验内容】

（1）控制 LED 灯实验。

（2）温度传感器数据采集实验。

（3）光照度传感器采集数据实验。

（4）烟雾传感器采集数据实验。

（5）可燃气体传感器采集数据实验。

（6）CO_2 传感器采集数据实验

【实验步骤】

1）控制 LED 灯实验

LED 灯分为板载和外接两种，用同一条帧控制，帧格式如下：

PC 发送数据

02	08	CB	01	00	D3	41	00	01	01	58

短地址 ADDR：0x0001；

终端节点号：0xD3，表示传感控制节点；

ID：0x0041，表示 LED 控制；

数据负荷有一个字节，是 0x01；

LED 控制数据负荷为一个字节，8 位分别表示 8 个 LED 灯的状态，对应位为 0 表示亮，1 表示灭。bit0-3 对应板载 L5-L8，bit4-7 对应外接 LED 模块 LED1-LED4。

PC 接收数据

02	08	CB	01	00	D3	41	00	01	01	58

简单地将数据返回给 PC，LED 灯控制实例如图 9-8 所示。

2）温度传感器数据采集实验

采用板载的 DS18B20 传感器采集节点工作温度，帧格式如下：

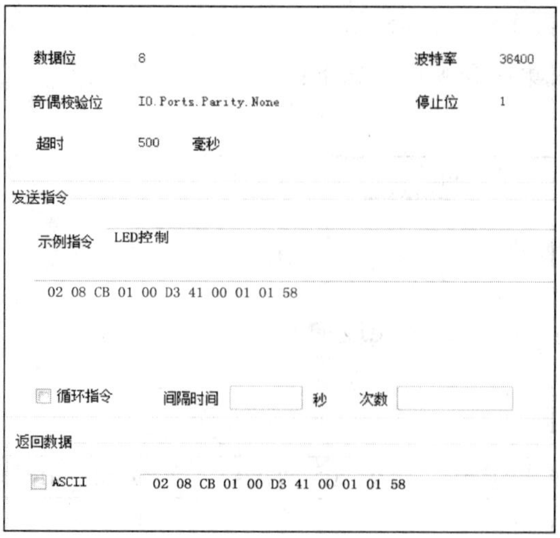

图 9-8　LED 灯控制图

PC 发送温度请求

02	07	CB	01	00	D3	30	00	00	09

短地址 ADDR：0x0001；

终端节点号：0xD3，表示传感控制节点；

ID：0x0030，表示读取温度；

没有数据负荷。

PC 接收温度数据

02	09	CB	01	00	D3	30	00	02	A2	00	0C

数据：0x00A2，表示+10.125℃；

利用板载的 DS18B20 传感器采集节点工作温度，并对采集结果进行分析，如图 9-9 和图 9-10 所示。

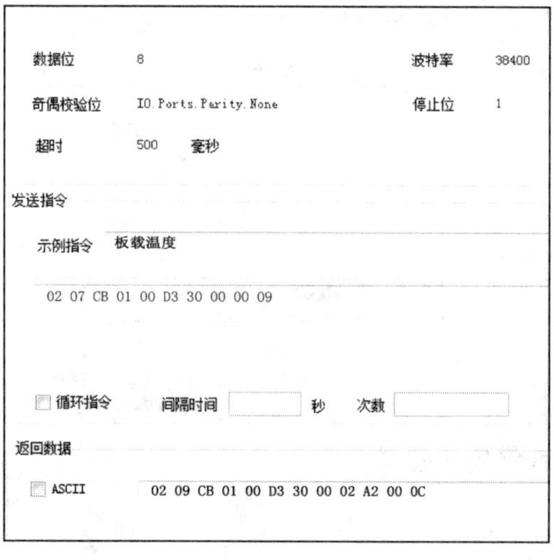

图 9-9　DS18B20 温度传感数据采集 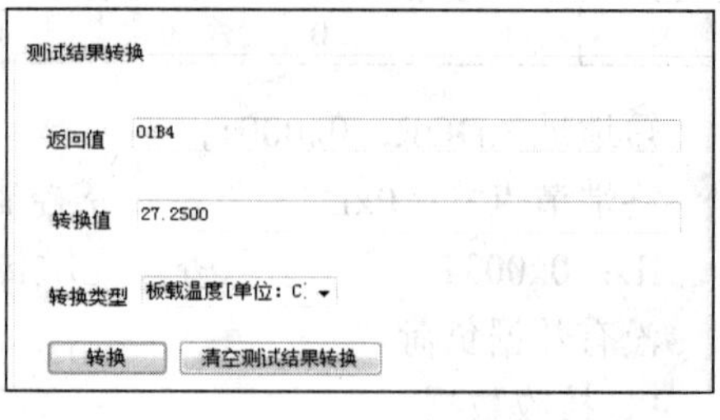　　　　　　图 9-10　DS18B20 温度采集结果分析

3）光照度传感器采集数据实验

板载光照度数据采集命令帧格式如下：

PC 发送光照度请求

02	07	CB	01	00	D3	32	00	00	09

短地址 ADDR：0x0001；

终端节点号：0xD3，表示传感控制节点；

ID：0x0032；表示读取板载光照度；

没有数据负荷。

PC 接收光照度数据

02	09	CB	01	00	D3	32	00	02	8C	32	0C

数据：0x318C。

板载光照度数据采集实例可以利用板载或外接光敏传感器采集当前环境的光照强度，并尝试改变光线强度，采集光照度数据，并对采集结果进行分析，如图 9-11 和图 9-12 所示。

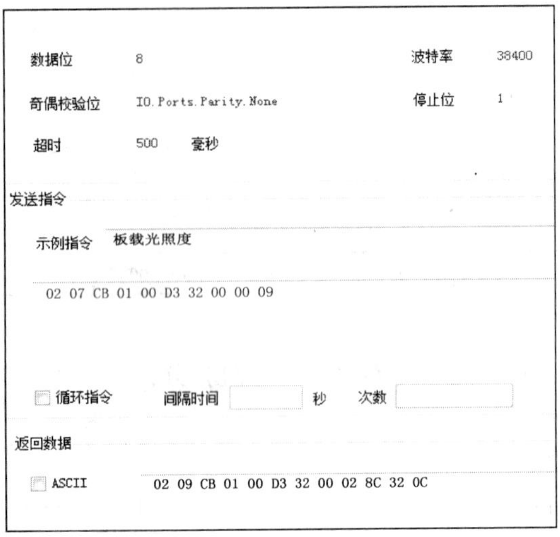

图 9-11   板载光照度数据采集

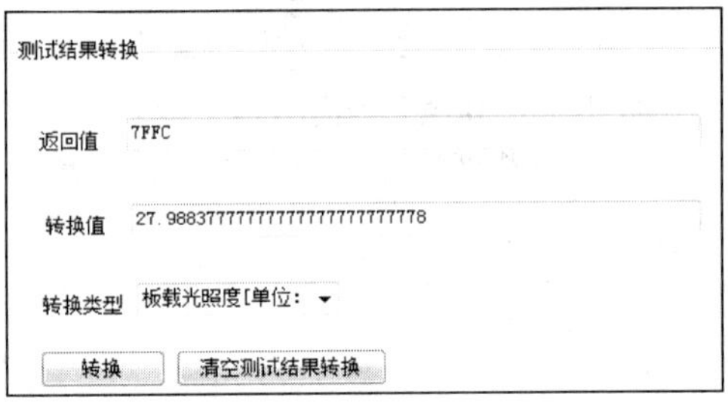

图 9-12   板载光照度结果分析

外接光敏传感器数据采集命令帧格式如下：

PC 发送请求

02	07	CB	01	00	D3	34	00	00	09

短地址 ADDR：0x0001；

终端节点号：0xD3，表示传感控制节点；

ID：0x0034，表示读取外接光敏传感器或气体传感器；

没有数据负荷。

PC 接收数据

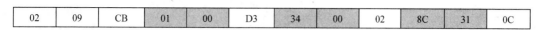

02	09	CB	01	00	D3	34	00	02	8C	31	0C

数据：0x318C。

外接光照度数据采集实例可以将 CH-SM-LS 光敏传感器模块接在 ZigBee 传感控制节点气体传感器接口，进行数据采集，并分析采集结果，如图 9-13 和图 9-14 所示。

图 9-13　外接光照度数据采集　　　　图 9-14　外接光照度采集结果分析

4）烟雾传感器采集数据实验

烟雾传感器数据采集命令帧格式如下：

PC 发送请求

02	07	CB	01	00	D3	34	00	00	09

短地址 ADDR：0x0001；

终端节点号：0xD3，表示传感控制节点；

ID：0x0034，表示读取外接光敏传感器或气体传感器；

没有数据负荷。

PC 接收数据

02	09	CB	01	00	D3	34	00	02	00	24	0C

数据：0x2400。

烟雾传感器数据采集实例可以将 MQ2 烟雾传感器模块 CH-SM-MQ2 连接在 ZigBee 传感控制节点的气体传感器接口，发送帧进行烟雾检测，并对采集结果进行分析，如图 9-15 和图 9-16 所示。

5）可燃气体传感器采集数据实验

可燃气体传感器数据采集命令帧格式如下：

PC 发送请求

02	07	CB	01	00	D3	34	00	00	09

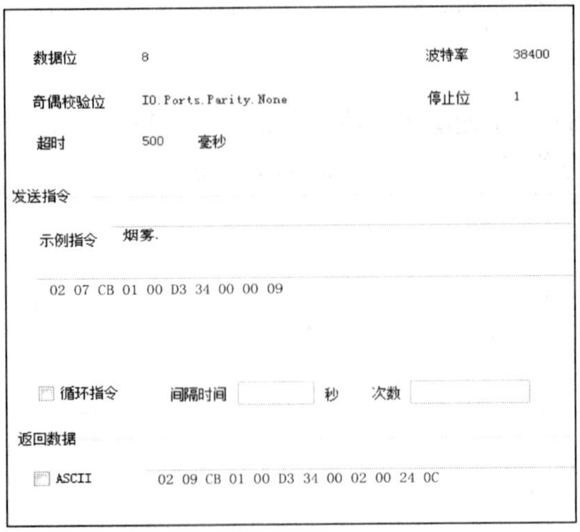

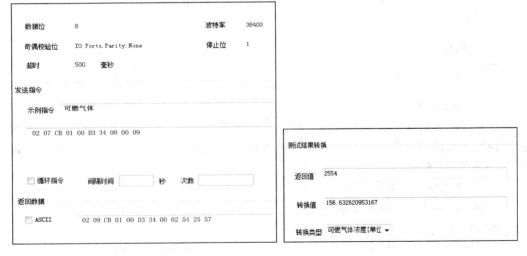

图 9-15　烟雾传感器数据采集 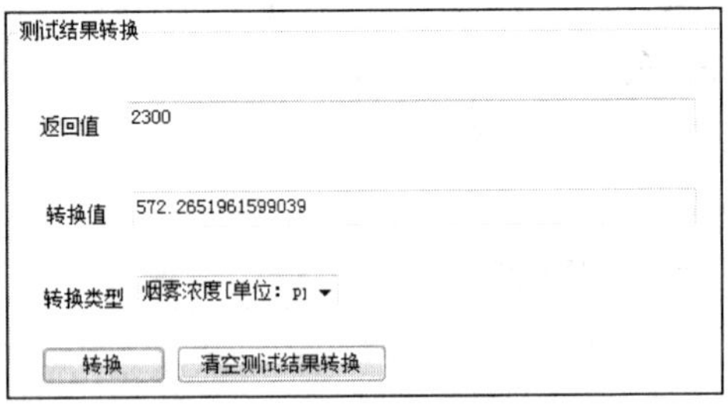　　　　　图 9-16　烟雾检测结果分析

短地址 ADDR：0x0001；

终端节点号：0xD3，表示传感控制节点；

ID：0x0034，表示读取外接光敏传感器或气体传感器；

没有数据负荷。

PC 接收数据

02	09	CB	01	00	D3	34	00	02	54	25	57

数据：0x2554。

可燃气体传感器数据采集实例可以将 MQ5 可燃气体传感器 CH-SM-MQ5 连接在 ZigBee 传感控制节点的气体传感器接口，发送帧进行可燃气体检测，并对采集结果进行分析，如图 9-17 和图 9-18 所示。

图 9-17　可燃气体传感数据采集　　　　　图 9-18　可燃气体检测结果分析

6）CO_2 传感器采集数据实验

CO_2 传感器数据采集命令帧格式如下：

PC 发送请求

02	07	CB	01	00	D3	34	00	00	09

短地址 ADDR：0x0001；

终端节点号：0xD3，表示传感控制节点；

ID：0x0034，表示读取外接光敏传感器或气体传感器；

没有数据负荷。

PC 接收数据

02	09	CB	01	00	D3	34	00	02	24	2E	2C

数据：0x2E24。

CO_2 传感器数据采集实例可以将 CO_2 气体传感器 CH-SM-CO_2 连接在 ZigBee 传感控制节点的气体传感器接口，发送帧进行二氧化碳气体检测，并对采集结果进行分析，如图 9-19 和图 9-20 所示。

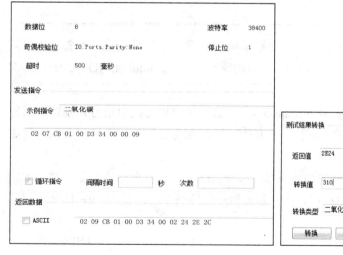

图 9-19 CO_2 传感数据采集   图 9-20 CO_2 传感数据采集结果分析

9.2 RFID 实验

9.2.1 RFID 基础知识

RFID 的应用涉及众多行业，因此其相关的标准非常复杂。从类别看，RFID 标准可以分为以下 4 类：技术标准（如 RFID 技术、IC 卡标准 等）；数据内容与编码标准（如编码格式、语法标准等）；性能与一致性标准（如测试规范等）；应用标准（如船运标签、产品包装标准等）。具体来讲，RFID 相关的标准涉及电气特性、通信频率、数据格式和元数据、通信协议、安全、测试和应用等方面。

　　与 RFID 技术和应用相关的国际标准化机构主要有：国际标准化组织（ISO）、国际电工委员会（IEC）、国际电信联盟（ITU）、世界邮联（UPU）。此外，还有其他的区域性标准化机构（如 EPC Global、UID Center、CEN）、国家标准化机构（如 BSI、ANSI、DIN）和产业联盟（如 ATA、AIAG、EIA）等，也制定了与 RFID 相关的区域、国家、产业联盟标准，并通过不同的渠道提升为国际标准。如表 9-2 所示列出了目前 RFID 系统的主要频段标准与特性。

表 9-2　RFID 系统主要频段标准与特性

比较项	低　频	高　频	超高频	微　波
工作频率	125 kHz～134 kHz	13.56 MHz	868 MHz～915 MHz	2.45 GHz～5.8 GHz
读取距离	1.2 m	1.2 m	4 m（美国）	15 m（美国）
速度	慢	中等	快	很快
潮湿环境	无影响	无影响	影响较大	影响较大
方向性	无	无	部分	有
全球适用频率	是	是	部分	部分
现有 ISO 标准	11784/85，14223	14443 18000—3 15693	18000—6	18000—4/555

　　总体来看，目前 RFID 存在 3 个主要的技术标准体系：总部设在美国麻省理工学院（MIT）的自动识别中心（Auto-ID Center）、日本的泛在中心（Ubiquitous ID Center，UIC）和 ISO 标准体系。

　　射频识别（Radio Frequency Identification，RFID）是通过无线电信号识别特定目标并读/写相关数据的无线通信技术。在国内，RFID 已经在身份证件、电子收费系统和物流管理等领域有了广泛的应用。

　　RFID 技术市场应用成熟，标签成本低廉，但 RFID 一般不具备数据采集功能，多用来进行物品的身份甄别和属性的存储，且在金属和液体环境下应用受限，RFID 技术属于物联网的信息采集层技术。

　　RFID 实质是利用 RFID 技术结合已有的网络技术、数据库技术和中间件技术等，构筑一个由大量联网的阅读器 Reader 和无数移动的标签 Tag 组成比互联网更为庞大的物联网，因此 RFID 技术成为物联网发展的排头兵。

　　RFID 系统主要由 3 部分组成：电子标签（Tag）、读/写器（Reader）和天线（Antenna）。其中，电子标签芯片具有数据存储区，用于存储待识别物品的标识信息；读/写器是将约定格式的待识别物品的标识信息写入电子标签的存储区中（写入功能），或在读/写器的阅读范围内以无接触的方式将电子标签内保存的信息读取出来（读出功能）；天线用于发射和接收射频信号，往往内置在电子标签或读/写器中。

　　RFID 技术的工作原理是：电子标签进入读/写器产生的磁场后，接收解读器发出的射频信号，凭借感应电流所获得的能量发送出存储在芯片中的产品信息（无源标签或被动标签），或者主动发送某一频率的信号（有源标签或主动标签）；解读器读取信息并解码后，送至中央信息系统进行有关数据处理。

RFID 按应用频率的不同分为低频（LF）、高频（HF）、超高频（UHF）、微波（MW），相对应的代表性频率分别为：低频 135 kHz 以下、高频 13.56 MHz、超高频 860～960 MHz、微波 2.4～5.8 GHz。目前，实际 RFID 应用以低频和高频产品为主，但超高频标签因其具有可识别距离远和成本低的优势，未来将有望逐渐成为主流。

Philips Mifare 1 S50 的基本参考数据如下：

存储容量：8 kbit，16 个扇区，每区 4 块，每块 16 字节，以块为存取单位，每个扇区有独立的一组密码及访问控制，有 32 位全球唯一序列号。

工作频率：13.56 MHz。

通信速率：106 kbit/s。

读/写距离：2.5～10 cm。

制作标准：ISO 14443。

RFID 超高频读/写模块支持标准 ISO18000—6C。

RFID 低频读/写器的主要技术参数如表 9-3 所示。

表 9-3　RFID 低频读/写器的参数

主　要　技　术　参　数	
底板芯片：STC89C516RD+	存储容量：64KB
读/写器模块芯片：C8051F330	存储容量：8KB
支持标准：EM ID，ISO11784/85（FDX-B）	
工作频率：125 kHz	
读卡距离：0～7 cm	
读卡时间：约 32.768 ms	
数据输出格式：十六进制	
通信方式：RS-232、以太网、WiFi	
工作电压：DC 6～15 V，典型 9V	
耗电功率：<1 W	
供电方式：电源适配器	
外形尺寸：100 mm×70 mm	
工作温度：0℃～60℃	
工作湿度：30%RH～80%RH	

RFID 高频读/写器的主要技术参数如表 9-4 所示。

表 9-4　RFID 高频读/写器的参数

主　要　技　术　参　数	
底板芯片：STC89C516RD+	存储容量：64KB
读/写器模块芯片：STC89C58RD+	存储容量：32KB
支持标准：ISO14443A，ISO14443B，ISO15693	
工作频率：13.56 MHz	
读卡距离：0～6cm	

主　要　技　术　参　数
读卡时间：1～2ms
数据输出格式：十六进制
通信方式：RS-232、以太网、WiFi
工作电压：DC 6～15 V，典型 12 V
耗电功率：<1 W
供电方式：电源适配器
外形尺寸：100 mm×70 mm
工作温度：0℃～60℃
工作湿度：30%RH～80%RH

RFID 超高频读/写器的主要技术参数如表 9-5 所示。

表 9-5　RFID 超高频读/写器的参数

主　要　技　术　参　数	
底板芯片：STC89C516RD+	存储容量：64KB
读/写器模块芯片：C8051F340	存储容量：64KB
支持标准：ISO18000—6C	
工作频率：840～960 MHz	
读卡距离：0～20 cm	
读卡时间：1～2 ms	
数据输出格式：十六进制	
通信方式：RS-232、以太网、WiFi	
工作电压：DC 6～15 V，典型 12 V	
耗电功率：<1 W	
供电方式：电源适配器	
外形尺寸：100 mm×70 mm	
工作温度：0℃～60℃	
工作湿度：30%RH～80%RH	

9.2.2　WiFi 模块与 RJ45 以太网模块设置

1．WiFi 模块设置

将"WiFi 参数设置跳线端口"（参照如图 9-21 所示）上的两个跳线端从"RUN"处拔出接到下方"RESET"两个端口处。

将 WiFi 模块插入相应接口、拔掉其他在板模块（包括 LCD 模块）。接上串口线，在上位机上打开 WiFi 参数设置软件。

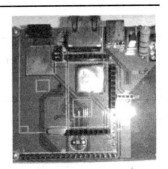

图 9-21　WiFi 模块图

首先设置好无线路由器，配置 SSID、加密方式和密钥等无线参数，设置串口参数及退出透传模式，如图 9-22 和图 9-23 所示。

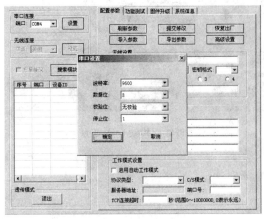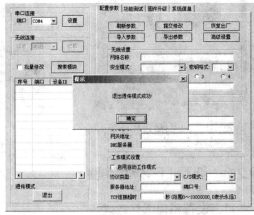

图 9-22　设置串口　　　　　　　　　　　　图 9-23　退出透传模式

然后设置 WiFi 模块参数如图 9-24 所示。

配置好后可以进行简单的功能测试，如图 9-25 所示，表明 WiFi 模块成功设置，并已连接到无线路由器。

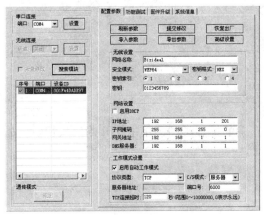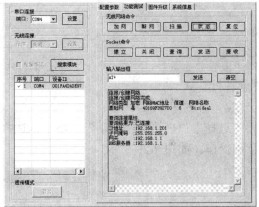

图 9-24　配置 WiFi 参数　　　　　　　　　图 9-25　功能测试

2．RJ45 以太网模块设置

将 TCP 模块插入相应接口，插接方向参照图 9-26 所示。

网线插入 RJ45 插座，连入网络，打开 IE 浏览器，输入 IP 地址 192.168.1.119，可进入参数设置项面，参数设置情况如图 9-27 所示。将串口波特率设置为 9 600，其他参数根据实际情况进行选择，根据设置好的 IP 地址将上下位机连接通信，低频、高频、超高频模块功能测试方法与串口通信时相同。

图 9-26　以太网模块插接方向

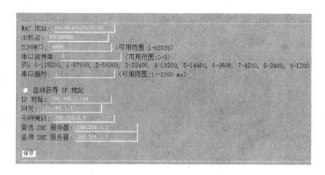

图 9-27　以太网模块设置页面

9.2.3　低频 LF 读/写实验

1. 设置串口工作方式

设置串口工作方式并启动低频，如图 9-28 所示。

图 9-28　设置串口工作方式

2. 读卡操作

选择串口模块的"低频"选项卡，选择正确的标签类型，单击"开始"按钮，开始读卡操作。如图 9-29 所示。

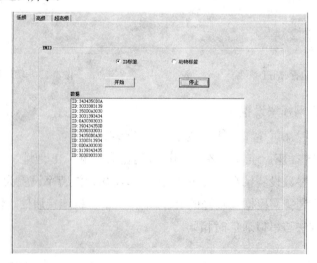

图 9-29　低频读卡

9.2.4　WiFi 与 RJ45 以太网口读/写实验

1. 设置 TCP/IP 工作方式

如图 9-30 所示，在"IP 地址"文本框中输入 WiFi 模块或以太网模块的 IP 地址。

图 9-30　设置 TCP 方式

2. 读卡操作

选择 TCP/IP 模块的"低频"选项卡，选择正确的标签类型，单击"开始"按钮，开始读卡操作，如图 9-31 所示。

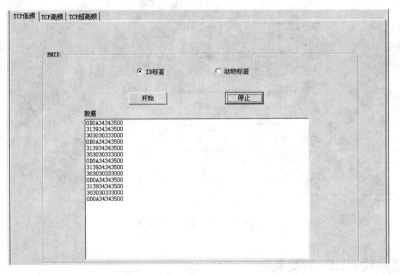

图 9-31　TCP 低频读卡

9.2.5　高频 HF 读/写实验

1. 设置串口工作方式

选择"串口方式"单选按钮，并在"启动方式"选项组中选择"高频"单选按钮，如图 9-32 所示。

图 9-32　设置串口工作方式

2. 读/写卡操作

选择串口模块的"高频"选项卡，选择正确的标签类型，进行读/写卡操作，如图 9-33 所示。

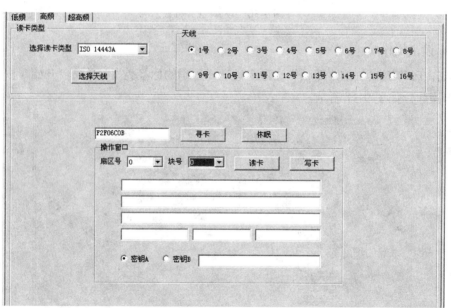

图 9-33　HF 读/写卡操作

9.2.6　超高频 UHF 读/写实验

1. 设置串口工作方式

设置串口工作方式并选择"超高频"单选按钮，如图 9-34 所示。

2. 读/写卡操作

选择串口模块的"超高频"选项卡，进行卡的识别、读取与写入等操作，如图 9-35 所示。

图 9-34　设置超高频串口方式

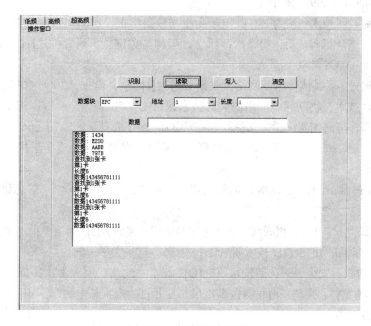

图 9-35　超高频读/写卡

 习题

1. 简述 ZigBee 无线网络的基本特点。
2. 简述 ZigBee 星形网络组建的基本过程。
3. 简述读取 ZigBee 节点设备类型、信道、PANID、物理地址和网络地址的方法与过程。
4. 简述使用 ZigBee 控制 LED 灯的方法。
5. 简述温度传感器数据采集的方法。
6. 简述 RFID 的工作原理。
7. 简述低频 LF 串口的读/写过程。

参 考 文 献

[1] 任丰原，黄海宁，林闯. 无线传感器网络[J]. 软件学报，2003（07）：1282-1290.

[2] 沈苏彬，范曲立，宗平，等. 物联网的体系结构与相关技术研究[J]. 南京邮电大学学报（自然科学版），2009（06）：1-11.

[3] 王保云. 物联网技术研究综述[J]. 电子测量与仪器学报，2009（12）：1-7.

[4] 孙其博，刘杰，黎羴，等. 物联网：概念、架构与关键技术研究综述[J]. 北京邮电大学学报，2010（03）：1-9.

[5] 马华东，陶丹. 多媒体传感器网络及其研究进展[J]. 软件学报，2006（09）：2013-2028.

[6] 周祥. RFID 技术在物联网中应用的关键技术探讨[D]. 江苏：江苏大学，2005.

[7] 刘强，崔莉，陈海明. 物联网关键技术与应用[J]. 计算机科学，2010（06）：1-5.

[8] 宁焕生，张瑜，刘芳丽，等. 中国物联网信息服务系统研究[J]. 电子学报，2006（12）：2514-2517.

[9] 李德仁，龚健雅，邵振峰. 从数字地球到智慧地球[J]. 武汉大学学报（信息科学版），2010（02）：127-132.

[10] 朱洪波，杨龙祥，于全. 物联网的技术思想与应用策略研究[J]. 通信学报，2010（11）：2-9.

[11] 张航. 面向物联网的 RFID 技术研究[D]. 上海：东华大学，2011.

[12] 焦文娟. 物联网安全——认证技术研究[D]. 北京：北京邮电大学，2011.

[13] 朱洪波，杨龙祥，朱琦. 物联网技术进展与应用[J]. 南京邮电大学学报（自然科学版），2011（1）：1-9.

[14] 孔宁. 物联网资源寻址关键技术研究[D]. 北京：中国科学院研究生院，2008.

[15] 何朝阳. 基于 6LoWPAN 的物联网应用平台研究与实现[D]. 哈尔滨：哈尔滨工业大学，2011.

[16] 李俊霖. 物联网传感网络安全协议形式化研究[D]. 云南：云南大学，2011.

[17] 王昊哲. 基于节点智能交互的物联网数据处理研究[D]. 大连：大连理工大学，2011.

[18] 杨海英. 物联网技术在高校实验室管理中的研究[D]. 上海：复旦大学，2011.

[19] 李力行，金芝，李戈. 基于时间自动机的物联网服务建模和验证[J]. 计算机学报，2011（8）：1365-1377.

[20] 戴文彬. 基于物联网技术的校园安全管理系统[D]. 成都：电子科技大学，2011.

[21] 邹力. 物联网与智能交通[M]. 北京：电子工业出版社，2012.

[22] 雷吉成. 物联网安全技术[M]. 北京：电子工业出版社，2012.

[23] 余成波，李洪兵，陶红艳. 无线传感器网络实用教程[M]. 北京：清华大学出版社，2012.

[24] 张凯，张雯婷. 物联网导论[M]. 北京：清华大学出版社，2012.

[25] 许毅. 无线传感器网络原理及方法[M]. 北京：清华大学出版社，2012.

[26] 杨恒. 最新物联网实用开发技术[M]. 北京：清华大学出版社，2012.

[27] 薛燕红. 物联网技术及应用[M]. 北京：清华大学出版社，2012.

[28] 张鸿涛，徐连明，张一文. 物联网关键技术及系统应用[M]. 北京：机械工业出版社，2012.

[29] 黄玉兰. 物联网概论[M]. 北京：人民邮电出版社，2011.

[30] 王汝林. 物联网基础及应用[M]. 北京：清华大学出版社，2011.

[31] 王志良，王新平. 物联网工程实训教程——实验、案例和习题解答[M]. 北京：机械工业出版社，2011.

[32] 黄玉兰. 物联网核心技术[M]. 北京：机械工业出版社，2011.

[33] 张新程，付航，李天璞，等. 物联网关键技术[M]. 北京：人民邮电出版社，2011.

[34] 洪利，孔慧娟，刘盈，等. 物联网 M2M 开发技术——基于无线 CPU Q26XX[M]. 北京：北京航空航天大学出版社，2011.

[35] 徐勇军，任勇，徐朝农，等. 物联网实验教程[M]. 北京：机械工业出版社，2011.

[36] 赵国安. 物联网/传感网实验教程[M]. 北京：科学出版社，2011.

[37] JEAN-PHILIPPE VASSEUR , ADAM DUNKELS. Interconnecting Smart Objects with IP: The Next Internet [M]. United States: Morgan Kaufmann, 2010.

[38] CUNO PFISTER. Getting Started with the Internet of Things: Connecting Sensors and Microcontrollers to the Cloud (Make: Projects) [M]. United States: O'Reilly Media, 2011.

[39] OLIVIER HERSENT, DAVID BOSWARTHICK, OMAR ELLOUMI. The Internet of Things: Key Applications and Protocols[M]. United States: Wiley, 2012.

[40] LU YAN, YAN ZHANG, LAURENCE T. YANG , HUANSHENG NING. The Internet of Things: From RFID to the Next-Generation Pervasive Networked Systems (Wireless Networks and Mobile Communications) [M]. United States: Auerbach Publications, 2008.

[41] HAKIMA CHAOUCHI. The Internet of Things: Connecting Objects (ISTE) [M]. United States: Wiley-ISTE,2010.

[42] DIETER UCKELMANN, MARK HARRISON , FLORIAN MICHAHELLES. Architecting the Internet of Things[M].Germany: Springer, 2011.

[43] KAI HWANG, JACK DONGARRA, GEOFFREY C. FOX. Distributed And Cloud Computing: From Parallel Processing to the Internet of Things[M]. United States: Morgan Kaufmann, 2011.

[44] DAVID BOSWARTHICK, OMAR ELLOUMI , OLIVIER HERSENT. M2M Communications: A Systems Approach[M]. United States: Wiley, 2012.

[45] GERMAIN ADRIAAN. Internet of Things[M]. Mexico: Brev Publishing, 2012.

[46] ZACH SHELBY, CARSTEN BORMANN. 6LoWPAN: The Wireless Embedded Internet (Wiley Series on Communications Networking & Distributed Systems) [M]. United States: Wiley, 2009.

[47] DREW GISLASON. Zigbee Wireless Networking[M].United Kingdom: Newnes, 2008.

[48] HOLGER KARL, ANDREAS WILLIG. Protocols and Architectures for Wireless Sensor Networks[M]. United States:Wiley-Interscience, 2007.